你没有退路，
才有出路

李尚龙 —— 著

北京联合出版公司
Beijing United Publishing Co.,Ltd.

图书在版编目（CIP）数据

你没有退路，才有出路 / 李尚龙著. — 北京：北京联合出版公司，2019.9
ISBN 978-7-5596-3664-5

Ⅰ. ①你… Ⅱ. ①李… Ⅲ. ①成功心理－通俗读物 Ⅳ. ①B848.4-49

中国版本图书馆CIP数据核字（2019）第180371号

你没有退路，才有出路

作　　者：李尚龙
责任编辑：昝亚会　夏应鹏

北京联合出版公司出版
（北京市西城区德外大街83号楼9层　100088）
河北鹏润印刷有限公司印刷　新华书店经销
字数153千字　800毫米×1230毫米　1/32　8.25印张
2019年9月第1版　2019年9月第1次印刷
ISBN 978-7-5596-3664-5
定价：45.00元

未经许可，不得以任何方式复制或抄袭本书部分或全部内容
版权所有，侵权必究
本书若有质量问题，请与本公司图书销售中心联系调换。电话：010-82069336

| 序言 |

献给我的读者

2010年,我开始当英语老师,在讲台上一晃已经快十年了。这些年头里,我教过很多学生,他们分布在世界各地,有些已经当了父母,有些已经工作了五年,有些刚读大学,有些还在迷茫于生活,纠结学习和爱情的平衡。

我还记得我第一批学生是九〇前后的人,现在,同样的课,学生已经是〇〇后,我想,只要我还在教学一线,就还会接触到更年轻的学生。但我发现一个问题,无论是哪一时代的学生,在青春时期遇到的问题都很相似:迷茫、焦虑、疲倦、失眠、没钱、看不到远方……

科技改变了人的生活方式,却没有改变人心和人性,我们遇到的困难在逐渐被解决，但我们遇到的迷茫和困惑好像从来都没变化：原来大家不知道怎么发 QQ 空间，现在大家不知道如何发朋友圈；原来子女和父母有代沟，现在有了微信，代沟反而更大了；原来我们不知道如何和异性沟通，现在有了手机，压根就不沟通了……

在过去的十年里，我尝试在课上、课下用交流和分享的方式，帮学生答疑解惑，直到我发现，这些知识，其实比学好一门外语更重要。

有多少人，二十多岁的事情都没弄明白就匆匆步入了三十多岁？

于是，2017 年，我把课上、课下的知识点，整理加工后写成了这本书。

这本书曾经在我们创立的"考虫网"上以课程的方式跟大家做了分享，第一批报名课程的学生就有二十万人。接着，我把这些内容升级打磨，做了第二次分享，又一次迎来了二十万名学生的共同参与。

本书增添了很多"考虫网"课程上没有的知识，更方便你在学习的时候对照着这本书看，如果你已经听过线上课程，更希望你再阅读一遍这本书的内容，书中的一些知识，愿你可以静下心来看看，安静下来想想，将这些知识融入自己的大脑，活学活用。

最终书名定为《你没有退路，才有出路》，我很喜欢这个书名，因为这刚好是这个时代应该有的价值观。

有时候我们之所以失败，就是因为选择太多，没有办法做到破釜沉舟。就好比一个人纠结买什么单词书，最后一个单词都没背；一个人纠结去哪个健身房，最后一天步都没有跑。有时候只有把退路封死，才能看到更大的出路。

这本书涉及从交流沟通到自我技能提高和面对这个世界的正确的思维方式，汇集了很多干货，而我也用了最简单有趣的方式，跟大家分享这些干货。

分享线上课程的时候，许多学生告诉我，听完了这十五堂课，第一个反应是：为什么没有早点听到这些内容？我想，现在也不晚，今天，永远是一个人此生最早的一天。

很高兴您选择了这本书。

那么，闲话少说，我们开始吧。

目 录
CONTENTS

PART 01

重塑自我

走出人生迷茫的困局

利用好自己的碎片化时间 /002

不想被时代抛弃，培养跨界学习能力 /016

注意力是可以被训练出来的 /030

核心竞争力，决定你在职场的价值 /045

寻找知识的源头，提高认知效率 /064

PART 02

提高情商
做一个高段位沟通者

做一个有趣的人,没有那么难 /078

如何正确地和异性相处 /095

如何与父母进行有效沟通 /117

在职场如何跟领导和同事沟通 /137

朋友之间相处要懂得分寸感 /152

PART 03

不甘平庸

越优秀的人生活越自律

自律的人,才能获得真正的自由 /170

真正厉害的人,都是控制情绪的高手 /184

如何正确地使用社交软件 /202

面对杠精,我们该如何应对 /222

有效扩大自己的交际圈 /236

后记 /252

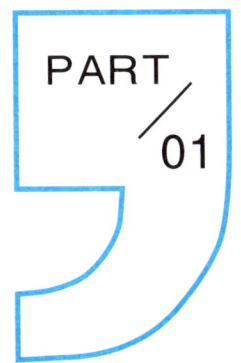

PART / 01

| 重塑自我 |

走出人生迷茫的困局

没有人天生注定是什么样的,
尤其是年轻人,
每个人的思维都是可以被重新塑造的。

利用好自己的碎片化时间

所谓"碎片化时间",就是每天整段工作时间之外的零碎时间,比如等电梯、等地铁、坐在车上、睡觉前的时间……

那么,这些碎片化时间中大家都在干什么呢?

刷抖音、看短视频、玩手机……

这些时间都被我们无意识地丢掉了,非常可惜。

把每天的碎片时间堆积起来,其实就是一大块时间,少则一个小时,多则好几个小时。如果你每天把这些碎片化时间持续积累起来,想想,一个月会多出多少时间,一年能多出多少日子?

日本经济学家野口悠纪雄综合自己的实际应用经验，写了本书，叫《把碎片化的时间用起来》，书里说：**现在人们所做的工作，发生了巨大的变化，出现了大量的碎片化时间，此时，人们的时间管理策略也需要改变。**

一、激发心流

增加碎片化时间的价值，同时，减少被打扰的次数，创造出属于自己的"心流"。

美国加州克莱蒙特大学教授米哈里·契克森米哈赖写了本书叫《心流：最优体验心理学》，书里说：所谓"心流"就是一种状态，人们在全神贯注做一件事情的时候，那种沉浸其中忘我的状态。

心流的英文叫 flow，流动的意思，当你特别专注做某件事时，是不是会感觉到心里有一种像海底看不见的洋流一样的东西，你忘记了时间，忘记了吃饭，忘记了上卫生间，你流动在时间中。

心流有两个很重要的特点：

第一，高手的心流都很长，他们一般不会轻易被打断。

第二，心流可以通过训练变得更长。

在这个时代，我们经常被打断，时刻被打扰，因为手机已经成了工作和生活的一部分。我们的心流越来越短。你想想，上一次这种流动着的感觉是多久以前？你是不是上课五分钟，拍照半小时？你是不是看五分钟的书，玩一天手机？

因为我们经常被各种信息打断，心流也越来越短，我们在科技的影响下，越来越笨，我们忘记了主动学习，总是被动接收信息。

当然，现在是万物互联的世界，我们也离不开手机，所以，**我们必须学会利用间隙时间，成为新时代的高手。**

二、自己不主动使用碎片化时间，这些时间就会被别人利用

有人说，我是个"佛系"宝宝，不利用碎片化时间你能把我怎么样？我就是一个月总有三十几天什么也不想干。

我很不喜欢一个年纪轻轻的人总说自己是佛系青年。首先，你还在该进步的年纪，未来还没有定型，不要太早给自己下结论。其次，这么年轻就无欲无求，是不是太不求上进了？

如果你不去主动使用碎片化时间，这些时间就一定会被别人利用。

你可以看看你平时刷到的那些信息，真的是你想知道的吗？

你真的在乎那些明星的婚姻状况吗？你真的在乎谁谁又出现在哪里吗？何况，你看到的这些信息，是真实的吗？

所以，你要去主动支配自己的碎片化时间，分享几个有效的方法：

第一，关闭没必要的手机推送、桌面广告。

动不动就推送广告的App，打开免通知功能。手机桌面弹出广告页面的App，坚决装进防火墙。只留几个提供重要信息的App，其他的一律选择免打扰。

第二，在产生心流时拒绝第一时间接电话和回微信。

每次创作的时候，我都会打开手机的免打扰功能，然后把手机放远一些，这样就有利于持续产生心流。我的好朋友帅建翔老师发明了一个招式，当你把手机放在左手边（假设你不是左撇子），拿手机的可能性就小了好多。

一开始，我的父母、朋友都不太适应我不能及时接电话这件事，给我打电话经常找不到我，后来我跟他们解释清楚了，现在我依然保持这个习惯，久而久之，他们也就习惯了。

这一生，我们要花很多时间跟身边的人沟通，很多事不沟通就会产生误解。

直到今天，我的朋友们有事情都是先给我发条信息，然后我在空闲的时间回复，这样既保证了心流不被打扰，也保证了我的创作是整体的、不被割裂的。

第三，寻找一个不被打扰的地方。

环境很重要，环境真的非常重要！比如，学生在宿舍基本上是没办法学习的，先不说室友会经常发出奇怪的声音，你看到自己那张床，就足够让你纠结半个小时的；同理，在卧室也没法学习；在有屏幕的地方也没法学习。

我学习效率最高的地方是在高铁或者飞机上，它们具有几个特点：封闭环境；不被打扰；整块时间；手机使用不方便。

第四，提前计划碎片化时间的用途。

比如你今天有两个会，两个会中间有三十分钟，这三十分钟的碎片化时间就可以用来听一门课、听一本书。假如你中间有一个小时的时间，可以选择去公司附近的健身房锻炼。假如你只有十分钟的时间，你可以把之前微信里存的文章看看。

如果你不提前计划，这些碎片化时间可能就会被你拿出的手机刷没了。最后，你也不记得自己刷了些什么。

第五，把相似的事情放在一起做。

比如，需要跟人交流的事情，可以约几个人连续地安排在一起；要在楼下买的东西，放在一起去买；看到好的文章集合到一起读。

这样做的好处是避免总是切换大脑，因为切换大脑需要时间缓冲。不信你可以试试，当你玩了半个小时再去看书，二十分钟以后，还是什么都没看进去。

三、容易碎片化的时间

日常生活里，有这些碎片化时间：

会议、课程开始前。你最好提前做一些准备，比如在教室，可以先预习下之前的内容；会议开始前，提前看一下会议内容。

堵车的时候。每当遇到堵车的时候，我喜欢用电脑写字，如果你晕车不愿意看屏幕，可以听一听手机里的音频。

收拾房间的时候。戴上耳机，听点东西。

走路的时候。耳朵是闲下来的，听英语、听书都可以。

刚完成一份工作后。换个思路，看看书或者看部电影。

睡觉前。这是段唯一可以让自己安静下来的时间，千万别忘了枕边的书。

还有上飞机、等高铁之前等。

四、主动使用并坚持使用碎片化时间

你要习惯性地在手机里下载一些音频课，现在音频平台很多，比如考虫、樊登读书会等。当你把学习内容认真听完一遍，第二遍就可以用整段时间的间隙听回放。练习英语听力也是，第一遍仔细听完，第二遍就可以放在设备中，随时调取。

建议配备一个方便的无线耳机，最好能防水，这样洗澡的时候也能听课。

你要学习同时做两件事，比如一边跑步一边听书，一边走路一边学习。

习惯性在背包里放上电脑和一本书,在间隙时间随时打开,办公、学习。

请记住,搜索式学习比彩蛋式学习效果要好得多,带着目的学习效率自然会高,不信你想想,还记得你昨天在抖音刷的第二个视频是什么吗?

◆ ◇

五、抢夺用户时间

有一本书叫《注意力商人》,里面强调:争夺注意力是一切商业活动最底层的逻辑。

换句话说,无论你做的是什么产品,抢夺注意力都是底层逻辑,而这个时代,抢夺注意力就是抢夺观众的碎片化时间。

比如,你看看现在的娱乐产品,都是在抢夺粉丝、观众的那最后一点碎片化时间。抖音、微博短视频、微信公众号文章,都要求在一分钟之内达到高潮,吸引读者,然后结束。因为你要抢夺的不是别人的整块时间,而是碎片化时间。

所以，如果你是个商人，你要思考：你的漫画是不是能让人在几分钟之内看完？你制作的视频能否在一分钟内就出亮点和笑点？你的综艺节目，能不能让观众在任何时候打开都能看到爆点？你的文章是不是能够做到日更？

你抢夺了用户的碎片化时间吗？

如果没有，你的产品就不会是优秀的产品。

六、建立系统知识

经常会有人质疑：把碎片化时间用来学习知识挺好的，但总觉得碎片化学习效率不高，我们需要系统学习。

是的。碎片化信息增加的是知识的广度，深度没有变。想要提高知识深度，我们需要的是长时间泡在一个环境里，系统地学习。

比如我在写一篇小说之前，会把市面上相关类型的小说都买回来，之后三四天我把自己关在家里什么也不干，就只看小说。有些书中的片段读了几遍，常常有所启发，接着就可以动笔写我的故事，这样我会觉得对某个话题研究得更有深度。

我备课的时候也是，先要在网上把所有相关的资料都读完，然后写课件、做PPT，这样做也是增加自己知识的深度。

而平时我们听听碎片付费课程，看看碎片文章，是用来拓宽知识广度的。但如果你只有碎片知识，可能会让你变得一知半解，因为你可能知道很多知识碎片，却不知道如何把它们串联起来。你的知识应该像一棵树、一个宏大的版图，学习了碎片知识，还要在生活里活学活用。

比如，你知道金鱼的记忆只有七秒。有什么用处呢？

我知道金鱼的记忆只有七秒时，我第一个想法是，当我遇到健忘的学生，我就可以调侃他：你是金鱼吗，只有七秒的记忆？

这样灵活运用，你学习的碎片知识就活了，这点很重要，因为你只学死知识是非常可怕的，一知半解的人比无知的人更可怕。

《三傻大闹宝莱坞》里有个角色，很坏的查尔图，就是个很有趣的笨蛋，把知识学到死的典型，他的演讲稿被别人换了词，他还是照着念。

还有个故事：大物理学家普朗克，当年获了诺贝尔奖后，每天奔波于各种演讲现场。

演讲了一段时间后,给他开车的司机都能把演讲内容背得滚瓜烂熟了。这个司机很有趣,他跟普朗克说,你讲的这些我也能讲,不信咱们实验一次。

普朗克一听,有意思,那下次演讲你替我,我给你当司机。

于是下一次演讲,普朗克的司机就登上了演讲台,他洋洋洒洒地讲了一晚上,内容和普朗克的几乎一模一样。但演讲完后要和观众互动,台下有位教授举手,请教了一个非常专业的问题,司机当然答不上来,愣在了台上。他只好抖了个激灵说,这个问题太小儿科了,让我的司机回答吧。于是,真正的普朗克上台解了围。

所以,同样是知识,死记硬背和活学活用真的不一样,你需要让学到的知识变为你身体的一部分,然后让它生根发芽。

死记硬背在上学时是为了应对考试,那个时候时间不够,这种方法是见效最快的,因为你的目的是分数。但当你走入了社会,你学习新知识时一定要先问自己:为什么?

碎片化时间其实和整块时间并不矛盾,比如坚持使用碎片化时间,你就能读完一本书,也能看完一部电影,追完一部剧。

作个比喻，知识是一棵树，树根、树枝、树干是利用整块时间系统学习来的，而碎片化学习成果就像是树叶。这样把知识汇集到一起，才能成为一棵完整的大树。

◆ ◇

七、生命有限，珍惜时间

有人说，每天都这么生活是不是太累了？

但是，很多人就是因为充分利用了碎片化时间去学习，才成了更好的自己。何况，你还这么年轻，更应该养成珍惜时间的习惯。把这些东西融入血液，习惯成自然，学习也就不累了。

人要跟时间培养感情，不然时间也不会搭理你。

不过，在不浪费时间的同时也不要把自己的生活安排得太满。要适当地让自己放空，也要适当地给生命埋下未知的彩蛋。

什么叫生命的彩蛋呢？生活中，你总需要有一段时间可以没什么目的地去做一些事情。比如去吃一顿没吃过的大餐，去一个没去过的地方，见一个许久没见的朋友。这些都是特别美好的事情，之所以美好，是因为都不在你的计划范围内。

前段时间，我看了一段视频叫《时间都去哪儿了》，里面是这样说的：

如果人平均一生的寿命是 78 年。

睡觉的时间加起来大概是 28.3 年，占据了我们人生的三分之一；

工作的时间占据了我们人生的 10.5 年；

花在电视和社交媒体上的时间竟然也占据了 9 年；

接受教育总计会花掉大约 3.5 年；

吃喝拉撒、家务通勤等乱七八糟的事情总计占据 14.7 年；

留给我们自己真正主动支配的时间，其实只有短短 9 年而已。

视频里有一段话是这么说的：想象一下，你每天醒来银行账户中都有 86400 美元。一天结束后它们就消失了，不管你是否消费它们。第二天，你的账户又会拥有 86400 美元。

那么，你将会用它们做什么呢？

每天 86400 秒都会存入你的生命账户。

一天结束后，第二天你将拥有新的 86400 秒。

如果是钱，我们绝不会浪费，那为什么我们要浪费时间呢？

时间比金钱更珍贵，因为你能赚钱却不能赚取时间。

五月天有句歌词:"就算你买下全世界的钟,也停不下一秒钟。"

生命有限,一定要做自己想做的事情,并加倍珍惜。

不想被时代抛弃,培养跨界学习能力

经常有人问我,李尚龙,你是怎么做到又当老师又能写作的?我其实不知道该怎么回答,我还会弹乌克丽丽呢,我还当导演呢。今天我们要聊的就是如何成为一个跨界学习高手。

一个人上大学应该挑选什么专业?潘石屹讲过一个观点:如果一个人你看不出他是从哪儿来的,交往一段时间也不知道他是学什么专业的,这可能是个很厉害的人。所谓专业,是指一个人在大学四年被别人安排在某个领域。当你开始解决特定问题的时候,需要的能力肯定不是一个专业的知识能解决得了的。一个人解决的问题越多,他跨越自己专业边界的次数就越多,久而久之，你根本看不出他是哪个专业的，他就成了一个高手。

所以，这是一个需要跨界的时代，更是一个专业与专业之间界限越来越模糊的时代，**这个时代的高手，一定是具备跨界学习能力的人**。换句话说，其实大学四年，你学什么专业不重要，重要的是你要有发现问题和解决问题的能力。

这是一个跨界的时代，更是个跨界打劫的时代：康师傅方便面从来没想过，自己的对手不是今麦郎，而是外卖服务；黑车司机也没想到，自己的竞争对手不是出租车，而是共享单车；当当一直和京东打来打去，没想到侵占自己市场份额的竟然是音频平台；人工智能扎入主持人行业，主持人沸腾了，因为他们从来没想过，机器也会跨界到自己的领域；小偷在街上偷不到钱了，并不是警察变多了，而是小偷的敌人变成了移动支付……

所以，这个时代需要年轻人做两件事：

第一，学会跨界，多掌握几门技能，为更好的跳槽做准备。

第二，学会把这几门技能运用到各自的领域，成为复合型人才。

一、利用好业余时间

经常有人问我："老师，我学的是这个专业但我想学那个专业，怎么办？"

我通常也会反问一句："当你拿着一瓶水，接下来你要做什么？"

喝了？倒了？都不是，而是应该做自己想做的事情，不要被一杯水左右。

我们总是习惯为了现在拥有的一点资源，放弃其他的可能性。当你学习了一个专业，你以后就非要从事这个专业的工作吗？不是吧。你完全可以从事别的行业的工作。别人送了你一个鸟笼，你非要养鸟吗？就算你买了只鸟，你非要成为养鸟师吗？

有一些学生会利用课余时间学习音乐、学习英语、学习自己感兴趣的学科，这就非常好。要知道大学四年重要的时间不仅仅是在课堂上，怎么利用闲暇时间也很重要。这些时间你怎么度过，就会成就一个怎样的你。

我见过最厉害的一个朋友，学的是经济，但他喜欢文学，就整天混在大学城找同学要别的学校文学课的课表，蹭进去听课。同时，还阅读大量的书籍。毕业后，他拿着一张经济学的学历文凭当了作家，现在已经出了好几本散文集了。别人都以为他是写作天才，其实我们大多数人的努力根本没有到拼天赋的程度，无非你付出多少努力就有多少收获。所以，喜欢什么就去做、去学，别被自己的专业限制，在这个时代，你必须学会跨界，成为全面高手。

二、你有几道斜杠

大家都知道，三脚架是最稳的，人也一样，在这个时代你必须拥有多条腿，才能走得从容。《纽约时报》专栏作家麦瑞克·阿尔伯撰写的书籍《双重职业》里第一次写了"斜杠青年"这个概念。什么叫"斜杠青年"？就是一个人兼顾多份职业，比如介绍李尚龙：作家 / 老师 / 导演。如果有一天，我不能讲课了，也不会饿死，因为我还有两个技能可以让我生活下去。"斜杠青年"是对喜欢工作的一种衍生，对不喜欢工作的一种补充，对不稳定生活的一种保护。但选择斜杠是有技巧的,要从你熟悉的领域去跳跃,不要跳得太狠,如果你选择了两个完全不相干的职业,将会非常痛苦,因为人的精力是有限的。所以,这里分享几个常见的斜杠搭配方式:

第一,稳定的工作+兴趣爱好。

聪明的人利用稳定的工作保证满足温饱,用下班的时间打磨兴趣爱好,让它变成自己的第二职业。

我的法医朋友秦明就是这么一个人,他是一名优秀的法医,长期奋斗在一线见证无数生死后,有一天,他忽然想把这些案例写下来。于是,他把这些故事记录在网上,后来就有出版社找到他出书。当时他不知道叫什么书名,就直接以自己的名字命名,于是就有了今天红遍大江南北的《法医秦明》这本书。

有稳定工作的人,千万别着急辞职,要培养离开稳定工作的能力。

第二,左右脑的切换。

人的大脑有个特点,左脑主要负责抽象、理性,右脑主要负责艺术、感性。

所以，我们看到很多可以搭配的方式，比如和我一起写《回不去的流年》的徐哥，他不仅是个作曲高手，同时也是个作词人，他的词写得像诗一样美好。这么看，他的神奇之处，就是完美利用了左右脑的搭配。同理，你是个数学家也可以苦修绘画，你是个作家也可以学习音乐。

第三，大脑和身体的切换。

有一天签售的时候，我头痛欲裂，因为连续两天都有两场活动、四节课，我还在写一个专栏和一篇小说。所以第二天晚上，我痛苦地捂着头没法上场。助理给我买了止痛药，我看了半天，最终还是决定不吃。晚上上完课，我找了个最近的健身房狠狠地跑了5公里，大汗淋漓后，头痛莫名其妙地好了。我才忽然明白：我这是用脑过度导致的头痛。其实，**大脑劳作是可以和身体运动切换的，这样的放松锻炼，比睡觉有效多了。**有一本书叫《运动改变大脑》，里边说，运动可以分泌多巴胺和内啡肽，**对大脑都是有好处的。**

原来我的健身教练，他在工作之外的身份还是高中化学老师，其实他的斜杠就是用脑和身体锻炼的切换。

第四，输出型的知识 IP。

台湾作家火星爷爷是我的一个好朋友，他特别有趣。因为小时候得了小儿麻痹，双腿走不了路，他就在家里写博客。有一天，一个小姑娘问他，你的文风很奇怪，你是来自火星的吗？他说，是啊。然后就开始跟她讲火星上各种各样的东西。就这样两个人通信通了一年多，后来，他起了个名字叫：火星爷爷。火星爷爷是个标准的斜杠青年，因为他不仅是位畅销书作家，还是 TED 的演讲者，他的视频《跟没有借东西》在全球点击率达上千万次，同时，他还是一位老师，在台湾教孩子们创意，教同学们如何讲出厉害的故事。

我第一次见到火星爷爷的时候很诧异，问他怎么可以做这么多事情呢？大家知道，他的身体还不太好。

他笑着说，其实这不都是输出吗？只要你有足够的知识储备就行。

当你有了一定的知识储备，就只需要通过不同的方式表达出来，说出来就是演讲家，写出来就是作者，拍出来就是导演，其实方式不重要，重要的是你要有知识储备。这是核心，其他的只是表达方式。

三、多个领域的百分之五十

跨界学习对我们来说不仅是一种生存的保护，也是一种让自己变得更好的方式。我们都听过二八定律，一个行业，你只有冲到前百分之二十，在职场上才是不可替代的。想要成为这百分之二十非常难。但是，一个人跨两个行业，干成前百分之五十，并不难。通过深度学习，你就可能成为这两个跨界行业的前百分之二十五。

比如有一个相声演员叫岳云鹏，他是唱《五环之歌》最好的，万万没想到，人家在相声界凭借唱歌火了。

大家有没有发现，许多人火起来的原因并不是在于本职工作，而是他跨界了。相声演员唱歌唱红了，歌手拍电影拍红了，演员参加真人秀红了，明星炒绯闻红了，老师讲段子红了……这个世界很有趣。

斜杠不仅能让你到达一个高度，还是对自己的一种保护，在你的职业和所在行业出现问题时，它就是非常好的自保方式。

四、跨界的前提

跨界的前提：**在自己的本职领域做到顶尖水准，再去尝试别的。**

原来我们招聘了一个前台，她做了一个月就离职了，接着去做微商，做了一个多月又离职了……这叫什么斜杠？你还没有到达这个行业的高处，看到这个行业的全景，你就走了。你还没有尽全力拼搏，这样的跨界说白了就是吃不了苦，习惯性逃避。

在这个世界上有很多假的斜杠青年，他们确实跨了很多行业，但每个行业做得都一般。有一种菜专门形容这类人，叫"麻辣烫"，每道小菜都拿不出手，于是只能混在一起。而高手，应该是满汉全席，每一个技能拿出来，都可以当作一道大餐。这才是真正意义上的跨界。

成功的跨界是你把这件事做到足够好，发现没有提高空间了，踩着自己的技能飞到另一个领域去。比如我刚开始当老师时，绝对不会考虑跨界，因为我还当不好老师嘛。当我发现干得不错，如鱼得水时，就开始琢磨跨界的事情了。但也不是随便跨界，你要了解自己的特长，比如我去学拉丁舞，肯定会死得很惨。当时我问了好几个学生，对我上课印象最深刻的是什么，我以为是某个知识点、某个单词、某个词组。他们说，我讲的故事特别好。从那开始，我就知道，我有讲故事的天分，于是我就开始写故事，最早创作的都是短篇故事，逐渐我就不写短篇了，开始写长篇，写完我就想，能不能把这些故事拍下来呢？于是我再开始学习镜头，学习摄影，找团队拍戏。

所以，跨界的前提有两个：

第一，要全力以赴，到了尽头再转换，不要干两个月就跑去换其他职业，那才不是斜杠，那是诈和。

第二，要有知识迁移的能力，步子不能迈得太大。

◆ ◇

五、学会做一只苍蝇

有人问，我刚进入一个领域，什么都不会，具体应该怎么办呢？

斯坦福大学做过一个实验：把一只蜜蜂和苍蝇同时放在灯

罩里，灯罩上留一个孔，看谁先飞出来。

答案是苍蝇。

因为苍蝇乱飞，一通乱撞后，总能找到出口，而蜜蜂只会朝着光亮飞，如果光亮对准了出口，它就飞出去了，可如果光源没有对准出口，它就一辈子出不来。这就是我们每个人在刚进入一个行业时应该做的事情：做一只苍蝇，蒙头乱撞，最后你总能找到出口。当你找到出口后，再朝着光飞，这样你就能很快成长。

我刚开始进入文学圈的时候，就像一只苍蝇一样，谁都去见，什么活动都参加，什么圈子都混，什么钱都赚。一年之后，我找到了我的出口，学会写故事，写对青少年有用的作品，要有写作底线，赚的每一分钱都要有底线，于是我变成了一只蜜蜂，只朝着光飞。

比如，我把微信公众号的打赏关闭了，我希望读者把这些钱存下来多买两本书看；我开始不接广告了；几乎推掉了所有的商业节目；所有"三俗"、博眼球、两性关系的话题我也不再写了。

当时很多人不太懂，说写作不就是为了博眼球吗？

我说，错了，那是因为你没看到光。

所以，我建议，刚进入一个行业第一年，你可以乱撞，第二年、第三年一定要找到适合自己的方向，朝着光的方向努力飞行。

在一个行业想起步，无非是要不停地读书，阅读和这个行业相关的图书，向这个行业有资历的人学习。一边读书，一边思考；不懂得怎么请教人，或者别人不愿意解答你的疑问时，最好能请人吃个饭；还有很多网课、线下课、相关的视频、付费的内容，这些都是在一个新行业跃起的方式。

六、不存在完全的跨界

我的小说《人设》，讲的是三个人设崩塌的人，如何面对自己的一生。我查了许多人设崩塌的资料，惊奇地发现，这些遭遇命运转折的人，竟然都获得了更大的世界。

其实，这个社会上不存在完全的跨界，因为万物都是相连的。一个理科生，难道一点历史、政治、地理知识都不知道吗？一个艺术生，难道一点化学、物理、生物知识都不清楚吗？

我参加过一个活动，让三位嘉宾分别聊聊未来的出行应该是什么样的。第一位嘉宾是一个设计师，第二位嘉宾是专门做人工智能的，我是一个作家。结果我们三个聊得很开心，还加了微信。为什么呢？因为这几个职业看似相隔甚远，但本质没有区别。科技的背后是科幻，科幻基于科技发挥想象，设计和写作都是自我表达。

准确来说，文科和理科都是对世界的表达。

我想起宋方金老师的书《给青年编剧的信》里写的一句话：

讲故事是我们这群人的宿命，也是我们的使命。我们甚至必须抱有更大的野心，给上帝讲一个故事，跟他老人家捉迷藏。

科学家用数学、物理与化学猜测上帝的头脑，我们用故事、人物与情感来猜想上帝的心意。

这世界绝不是无缘无故，必有一个终极答案以两种形式分别藏在科学或者艺术之中。

我们追随在莎士比亚、托尔斯泰、大仲马等讲故事的人的身后，跟爱因斯坦、牛顿和霍金这样的科学家赛跑，看谁能先猜出上帝的答案，来到上帝的面前。我希望我们讲故事的这边能赢。

万物的规律是相通的，你这么年轻，一定要努力成为自己想成为的人。而且要相信自己,一定可以。

希望你能拥有更广泛的世界。

衍生阅读:

彼得·彼得森:《黑石的选择》

丹尼尔·平克:《全新思维:决胜未来的六大能力》

注意力是可以被训练出来的

《别让无效努力毁了你》一书的作者是克里·斯贝利,他是加拿大的专栏作家。

书里提出了几个很有意思的问题:

为什么有些人天天工作,有些人偶尔工作,后者反而效率还更高呢?

为什么有些人每天就学习两三个小时,却比那些每天学习十多个小时的人成绩还好呢?

为什么有些人每天都跟打了鸡血似的,有些人却每天都很颓废呢?

为什么有些人做事情很高效，有些人成天浪费时间呢？

此书的核心内容是如何让自己成为高效能的人才，其中提了一个概念，叫"高效能三要素"：时间、能量和注意力。

而一个人的能量大多与先天基因和后天运动有关，所以，我们本篇内容探讨的主题就是如何提高我们的注意力，成为高效能人才。

一、注意力的稀缺性

哥伦比亚大学的华裔教授 Tim Wu 写过一本书叫《注意力商人》，书里说：商人们都在争抢人们的注意力，人们注意力流向的方向，就是金钱流向的方向。

在职场里有这么一个黄金法则：

注意力 > 时间 > 金钱

为什么注意力这么重要？因为：**注意力是稀缺资源。**

《有序：关于心智效率的认知科学》这本书的作者是加拿大著名心理学教授丹尼尔·列维汀。书里说："人的大脑有两种模式，**第一种叫专注，第二种叫神游。**"

大脑在高度专注的时候，也就是注意力集中的时候，就像一台高速运转的发动机，它会消耗一种重要的养分叫作氧化葡萄糖。

但在神游模式里，大脑基本不会消耗太多能量，这就是为什么我们很难长时间保持高度专注，但发呆却可以很久。

发呆不累，因为不消耗氧化葡萄糖。大脑在这么多年的进化中为了更好地生存，都是很懒的，能偷懒就偷懒。

这是神经科学的解释，那这种稀缺到底是怎么造成的？

我们从进化的角度来讲：

人类既然能进化出庞大的记忆力资源，为什么没有进化出同样庞大的注意力资源呢？

根据丹尼尔·列维汀的观察，注意力稀缺，是生存环境塑造的结果。

人类在一万年前进入农耕时代，在此之前的两百万年，都处在狩猎时代。

在那个时期，我们基本只需要做好一件事——狩猎。

要知道，进化不是由谁设计的，而是根据环境的变化自身发生的变化。在狩猎时代，人类的生存状态决定了，我们只需要进化出足以应付狩猎的注意力就足够了，也就是说，只要确保狩猎中能保持高度警觉，既能打到猎物，又不被豺狼虎豹吃掉就行。

如果在狩猎时代神游，那人类也活不到今天，基因也都消失了。

这个阶段一直持续了两百万年，直到一万年前，人类才进入农耕社会。

这个突如其来的转变让人类很不适应，从猎人变成农民，要处理更多的信息，这个时候，注意力就不够了。

到今天，进入了信息爆炸时代，社会变了，但你还是那个你，你的进化没有跟上科技发展的水平。

这大量的信息，多少让人类的大脑有些不适应。信息越多，注意力越差。

◆ ◇

二、注意力最大化

怎样才能让自己有限的注意力最大化呢？

美国著名心理学博士露西·乔·帕拉迪诺写过一本书叫《注

意力曲线——打败分心与焦虑》。

露西认为,事物能对人产生刺激,让人分泌肾上腺素。

肾上腺素分泌多少,会显示出你对事物到底是感到兴奋,还是感到无聊。

这个兴奋或无聊的程度,叫作"刺激水平"。

而刺激水平的高低,又决定了注意力集中程度的高低。作者根据刺激水平和注意力之间的关系,画出了一条注意力曲线。

这条曲线像一个倒过来的英文字母 U,所以被作者称为倒 U 形曲线。其实,它更像个锅盖,两边低,中间高。这个曲线是画在坐标系里的。

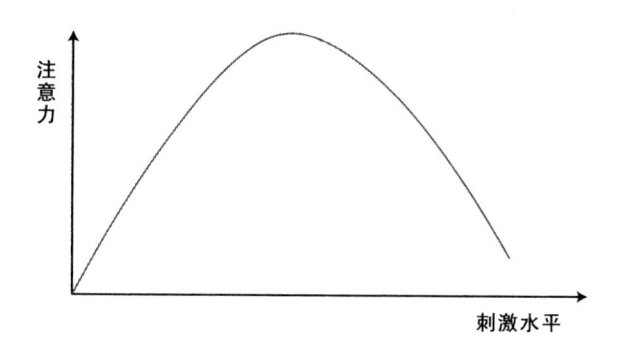

人在一开始刺激水平低的时候,注意力也低,随着刺激水平越来越高,注意力也越来越高。

但是,这条曲线是倒 U 形。

也就是说，当注意力达到一个顶点的时候，刺激水平哪怕再继续升高，注意力也不会随着升高，反而会下降，直到降为零。

为什么会这样呢？

比如，上课的时候，老师让你注意力集中，你肯定会集中，但如果老师斥责你呢？同学骂你，羞辱你呢？你肯定没法集中了。因为刺激过高了。

作者说，当人受到的刺激水平特别低的时候，肾上腺素的分泌水平也低，人就兴奋不起来，思维也有点停滞，无法集中注意力去做一件事。

这就是倒 U 形曲线的开始部分，刺激水平低，注意力也低。

这就像你早上刚起床的时候的状态。

反过来，当人受到的刺激水平特别高的时候，肾上腺素的分泌水平也会特别高。可是当过度兴奋的时候，就会产生紧张、愤怒甚至恐惧的情绪。

这就像你在面临重要的考试之前，或者第一次当着很多人的面发言的时候，是不是有类似的情绪？是不是会呼吸加重、心跳加速，觉得脑子不够用？

在这样的状态下，注意力也是无法集中的。这就是倒 U 形曲线的末端，刺激水平虽然高，但是注意力却很低。

所以，在面对重要考试、事情时，不要过分担忧，正常发挥就好。

只有在刺激水平平均的时候，人的生理反应才会平和。

这时候身体是放松的，但是意识里保持着一定的警惕性，也就是说，既不过于紧张，又不过于松弛。

注意力专家们把这种状态叫作"最优刺激状态"。

这个状态也就是倒 U 形曲线的中间部分描述的状态，刺激水平不高不低，但是注意力很高，而且在某一个阶段，注意力会达到峰值。

曲线的峰值部分，就被作者称为注意力专区。

◆◇

三、了解自己的注意力专区

人应该经常花时间去了解自己。

比如我时常会记录自己的一天，看看什么时间段我的注意力是特别好的。

人和人都不太一样，我早起那段时间的注意力区间表现就很好，我一般会看会儿书。原来晚上注意力专区很好，就会写点东西，背单词。

每个人都要找到自己的注意力专区出现的时间，并把这段时间用好。

有些人的注意力专区出现是在喝了一杯咖啡之后，有些人是在自己健身跑步之后，有些人是一群人在一起学习、工作时，有些人是自己一个人关着门时，还有些人是一边听着音乐一边工作时……

许多人也问我，要不要午休，这取决于你如何调整自己的注意力专区。

◆ ◇

四、集中注意力的方法

这里推荐几个集中注意力的方法：

1. 控制干扰源

你有没有注意过，上完一节课，在课间十分钟开了局游戏后，再次回到课堂上，集中注意力需要多久？

读书间隙你看了会儿电视，再次回来阅读恢复注意力需要多久？

根据研究，当你做一件事受到干扰之后，你需要花费整整25分钟才可以重新专注于手上的任务。

心理学专家肖恩·埃科尔推荐了一个控制干扰源的方法："20秒定律"。

比如，把不健康的小吃从工作的地方移开超过20秒；

再如，你工作时把手机放在另一个房间超过20秒；

又如，把互联网路由器的电源拔掉，这些可能都用不了20秒。

从根上断绝干扰，提高自己的"心流"。

因为当你在工作和学习时，每一次干扰都会导致你失去近半个小时的效能，因此想办法抑制干扰源非常重要。

我原来写作的时候，特别容易开小差。一坐到电脑边，就会觉得，哎呀，头怎么没洗。写了两行，又觉得指甲该剪了。又写了几行，想到好久没给爸妈打电话了，他们是不是该想我了。再过了几分钟，我又觉得，手机好寂寞，我得陪陪它。这样一晃一上午就过去了，该吃中午饭了，我什么也没写成。

当我看完《别让无效努力毁了你》这本书后，就做了一件事，写作前把手机放在看不见的地方，控制干扰源。

果然效率就提高了。

所以，有时候抵制诱惑的方式并不是超强的意志力，而是从根源抵制它。这样注意力转移了，人也就控制住诱惑了。

类似的方法有很多，比如一个父亲喜欢喝酒，你可以把酒放到父亲看不到的地方，把他那些总喜欢喝酒的朋友的微信屏蔽掉，中断干扰源。

2.注意力外包

所谓"注意力外包"，说白了就是给大脑减负，通过外部工具，把一部分注意力转移到大脑之外。

比如你把生日当作手机开机密码，老板雇用秘书来规划时间，明星让经纪人来制定行程。

把重要的事情记在笔记本上，把第二天的行程记在手机里，这些都属于记忆力外包，本质上都是利用外部资源来分担注意力。

3.策略性走神

注意力外包可以降低犯错的概率，《别让无效努力毁了你》

里分享的另一个方法，能够帮我们激发创造力。这个方法叫**策略性走神**，就是在专注思考一段时间之后，故意放空自己，留出一段专门的时间来放飞自我。

这个方法对创作的帮助很大，走神未必都是坏事，有时候走神是为了更好地集中注意力。

人们往往认为，只有全神贯注时，才能最大限度地激发创造力，但根据脑科学家的观察，有计划地走神，有时候反而有助于激发创造力。

据说，很多伟大的发现，都来自某时的灵光一现，比如阿基米德在洗澡的时候发现了浮力定律，牛顿在被苹果砸到时发现了万有引力。先不深究传闻的真假，至少在这本书里，作者认为，这是有扎实的神经科学依据的。

在大脑里，有两个跟创造力有关的关键区域。

一个叫左前额叶皮层，它负责的是深度思考，也就是针对特定的问题，调动专门的知识。比如学习的时候，大脑这个部分就在发挥作用，它负责把你学过的知识调度出来。学习和输出主要就是由左前额叶皮层完成的。

另一个关键区域是我们的右脑，它负责的是联想思考，也就是把一些原本不相干的想法连接在一起，碰撞出新的可能性。

比如你做过这个梦吗,你从高处往下掉,忽然掉到了课桌上,猛地抬头,把老师和同桌吓一跳?这就是把两件毫无关系的事情,从高处掉下和落在课桌上联系在一起,用的就是右脑。

举个例子,如果要开发一款互联网产品,比如考虫英语四六级系统班,不能光懂技术,还要有更广阔的视野,了解市场行情,懂得学生的心理,了解教学内容,会上课,你要把这些东西联系起来才行。

但这个区域有一个局限,就是你越刻意联想,努力把无关的东西联系起来,反而越是什么都想不起来,**只有你放松甚至走神的时候,右脑反而才会更活跃,这些联想才会自动发生。**

所以,你在思考问题的时候需要有计划地专门留出一点时间来走神,这就是作者所说的策略性走神。

走了神之后,你会发现大脑的集中程度越来越好。

策略性走神,走得越彻底越好,最好是让大脑完全放空。

举个例子,你在办公室里冥思苦想、你在教室里奋笔疾书,当你放松时,仅仅在椅子上伸个懒腰是不够的,要走出办公室,走出教室,到另一个环境,比如去咖啡厅或者公园里,到楼下或者走廊处,周围最好特别安静。任何与办公环境、学习环境有关的东西都不在视线之内,吸一口气,听听音乐或者什么也不干，只有在这个环境里放空自己，才是一次合格的策略性走神行动，这时你的创造力往往能得到更大限度的调动。接下来你再回去就会发现，注意力提高了许多。有时候睡一觉，哪怕只有半个小时，注意力也会有巨大的变化。

4. 心流是可以通过训练变得越来越长的

悲催的是，心流也可以通过你长时间的大脑放轻松、刷短视频、看网文变得越来越短，最后把你变成个笨蛋。

你有没有发现，这个时代我们凝聚心流的时间越来越短，我们的注意力越来越涣散？因为互联网时代的到来，碎片化信息占据了我们太多的精力，社交软件让我们时刻被打扰，很难完全集中精力。

在这个时代，手机方便了我们，同时也阻碍了我们。你可以试着去看一部电影、一本书，什么也不想，看看自己能坚持多久，能持续多长时间。

如果你的注意力心流很短，请一定要多加训练。互联网、手机确实给人提供了很多方便，但同时，也让人越来越笨，我们开始丧失深度思考、丧失专注力，只是浮于表面工作学习。

《深度工作》的作者卡尔·纽波特提出，深度工作是指在没有干扰的专注下进行工作，它可以把你的认知能力推向极限，最终得到具有创造性和高价值的工作结果。这本书里也推荐了一个方法，听起来很诡异，叫"禁欲模式"。所谓"禁欲模式"，就是与世隔绝进行深度工作，切断一切与外界的联系，将自己封闭在别人联系不到的地方。

这个虽然不太容易做到，但对于注意力长期涣散的朋友来说，可以适当地试试。

五、给信息和生活做减法

之前我们说过，人越长大，越容易感觉到生活的负累，此时此刻，就应该给生活做减法了。尤其是那些没有必要的信息，没有必要的人脉关系，没有营养的活动，没有思想的节目，都应该逐渐减少。

因为你越长大，你的注意力会越差，虽然关心的事情越来越多，但能真正关注的事情却越来越少。人关注得越少，精力越集中，越容易把事情做到极致。所以，聪明的人在一定时刻就应该学会：断、舍、离。

断掉没有必要的情欲，舍去没有意义的物品，离开无法深入的关系。

专注于更重要的事情。

其实，很多婚姻关系也都是因为对彼此专注力变差而走向了深渊。这一生，我们最有限的是时间，最稀缺的是注意力，最难忘的是青春，最宝贵的是现在。

请把注意力交给自己的目标，而不是自己的对手，减少自己涣散的可能性，这样，你才能成为更专注的人。一个专注的人，是发光的。

衍生阅读：

爱德华·德博诺：《简化》
露西·乔·帕拉迪诺：《注意力曲线——打败分心与焦虑》
丹尼尔·列维汀：《有序：关于心智效率的认知科学》

核心竞争力，决定你在职场的价值

聪明的人最重要的标志，就是分得清人物关系。

厉害的人，不仅分得清人物关系，还能明白自己在职场里的能力和综合素质。

我们进入职场，进入这个弱肉强食的世界，一起来看看这个世界的逻辑。

我们先聊一聊怎么找工作。

一、从我找工作到工作找我

我在大学期间参加了一场英语演讲比赛，总决赛时，现场聚集的都是每个省英语演讲比赛前几名的学生。

因此，有许多英语培训机构的HR（人力资源）在那里"物色"学生，被选中的人可以直接培训上岗当英语老师。

当然，后来我才知道，这群学生毕业后有的去了外交部、翻译局，有了做了双语主持人，混得不好的，就像我这样，当英语老师了。

也就是说，现场不仅有培训机构的人，也有电视台、政府部门的人，在那里选择优秀的人才。

后来，我当了很多次比赛的评委才知道，其实在大学参加的所有比赛和竞赛，但凡到了一个很高的层次，现场都有大公司的HR在寻找优秀的学生。包括组织比赛的这群人，也相当于HR。因为参赛学生的技能强，培训一下，甚至都不用培训，就能直接上岗。

你想想为什么一个比赛你不用付钱或者付很少的钱就可以参加，主办方为了什么？优秀的学生，就是通过这样的比赛，被曝光,然后成为"猎物",工作就找上门来了。

所以,为什么大学四年一定要多参加比赛与活动,因为这些都是去打通校外的资源,让更多人看到自己的方法。

如果你没有机会参加竞赛,或者没有校园外的资源,那么,你大学四年考的证书,在你找工作的时候也都是敲门砖。

证书是简历的干货,比如四六级、剑桥商务英语、口译考试等。这里稍微说一句,有人说有些证书就是鸡肋,但我觉得,有总比没有强。

毕业后,如果你的简历上写满了高价值的经历,找工作不过是水到渠成的事,尤其是申请国外大学时,那边的招生办更重视你的简历。

可惜的是,大多数学生到了毕业时,简历上也只是写着:"热爱运动,尊敬老师,爱护同学。"

大学四年,一定要让自己发光,至少要让自己拥有一项专长,这项专长要有证书去证明,要有奖状去背书。

哪怕是驾照,哪怕是普通话资格证。证书其实很重要,比如你要招聘司机,你是要一个驾驶技术好但是没证的,还是要一个有驾照的呢?

这看起来很世俗,但职场上演的就是成人的游戏,在被问"你有什么证书"时,高手的回答是:"你要什么证?"

多一个证书,少求一句人。

证书还有一个好处,就是你在准备考试的过程中,能力被激发了,因为你给自己设了一个目标,有目标的奋斗和漫无目的的奋斗差距是很大的。

拥有一技之长,在哪个地方都能活得很好,在哪个时代都饿不死,这个技能可以是音乐、体育、艺术、语言、计算机、写作……

如果实在不知道学什么,建议学一门外语或者练习写作。

《水浒传》里最后活得好的,是这么一些人:

安道全,别名神医,最终在太医院做了个金紫医官。

金大坚,别名玉臂匠,后来,他被皇帝召回御前听用。最后在内府御宝监为官。

还比如写字的、养马的……

职场讲究价值,你的工资是反映你价值的侧面标准,而一技之长就是你立足职场的价值,不可替代性就是你在职场的灵魂。

二、你的价值由什么决定

我们公司原来在三里屯，那里的房价一平方米十多万元，当然，比那里更贵的是海淀的学区房。

为什么这么贵呢？是因为那里的土地贵，还是砖头贵？

不是，地是一样的，砖头也不是黄金、大理石。仅仅因为那里是商业街，那里有学校，那里更方便，那里象征着更好的生活。

所以，一个点的价值往往不是由点本身决定的，而是由点所在的坐标系决定的。

同理，一个人的价值也不是由一个点决定的，也不是从你的父母、老师口中得知你是否优秀，你的优秀程度，而是由一个系统决定的。

传统的职业价值坐标系是这样的：行业 × 企业 × 职业。

这是现在最流行的也是最传统的职业价值坐标系，是美国的管理学家埃德加·施恩的《职业锚：发现你的真正价值》中提出的"职业金字塔模型"。

比如按照这个坐标系，我是教育行业的，现在考虫，职业是老师。

再详细地分析一下，如果把施恩的这个模型比作一个小区，你可以想象：

一张地图上有很多的小区，一个个挨在一起。小区就是行业。

在小区里面有很多的楼房，楼房就是公司，它们都有三层，分别代表公司的三个层次：

底层是执行层，也就是员工层；中间是运营层；顶层是决策层，也就是领导层。

大的楼房是大企业，小的楼房是小企业。

在这样的模型里，发展路径是非常明确的，你按照这个模型就能找到自己的价值。

第一步，你要选定一个行业，也就是选择一个小区。

第二步，在行业里面选定一栋好楼，最好是豪宅、别墅，也就是选择一个发展潜力好的大企业。

为什么要选择大企业呢？

因为你在大企业上升的可能性更大，机会更多。你能获得更多的人脉资源，甚至有更好的制度回报。

如果可能，毕业后请一定首选大公司，你的眼界、人脉都能让你的下一份工作达到一个高度。

为什么早年新东方尽出人才？因为这些人才被放在了同一个圈子，潜移默化地互相比拼。

接下来，大家都努力向上发展，能去二楼的去二楼，能去三楼的去三楼，万一你卡住了，到不了三楼，比如你体力不行，比如有人压制着，怎么办？要么待在这里等退休；要么跳到一栋小一点的楼房里面，尝试去它的三楼。

这就是跳槽，从大公司的小职员跳槽到小公司当大职员。我有个双胞胎姐姐，她第一份工作是在路透社当记者，你们都听过路透社，但工资不高，后来她跳槽去了一家我没听过的外国新闻公司，工资显著提升。

可是大家有没有发现，这种传统的行业价值坐标系在许多地方正在瓦解？比如，你怎么定义我这种既是老师，又是作家，而且两条线干得都不错的人？

你又怎么定义自由职业者，他们应该在哪个小区、哪栋楼、第几层？

所以，这个世界正在变化，你不一定要住在小区里了，你可以住在空中楼阁俯瞰这些小区，你可以成为快递员穿梭在许多小区中。

为什么会有这些变化呢？有三个原因：

1. 公司寿命变短，员工心理转变

现在的大楼动不动就坍塌，更别说你还想待在哪个房间一辈子了。

也就是说，公司变数极大，前段时间我把我的龙影部落工作室解散了，成立了李尚龙工作室。我去注销公司，负责的业务员和我说，尚龙老师，现在注销公司要排队，因为太多人排队，注销公司的钱比注册公司的钱还多。

现在，中关村、三里屯中小企业的平均寿命是1年，整个中小企业的平均寿命是2.97年，世界500强的平均寿命是40年，世界1000强的则是30年。

这是什么概念呢？如果一个人从25岁开始干到65岁退休，正好工作40年——说明你一毕业就创业，一创业就刚好把公司干成了世界500强，你退休那一天，公司正好倒闭，你刚好失业。

可是你有那么好的运气吗？

这个世界上的工作已经没有稳定可言，只有变动才是唯一的稳定。

2. 行业变化快，没有边界

行业之间不停地在跨界，也就是说，小区和小区之间早就连通了。

一个作家，他还可以是老师。

一个英语老师，他还可以是健身教练。

一个编剧，他还可以做脱口秀。

在今天你会发现，抢你职位的可能并不是你楼下的那个人，也不是你隔壁那个人，而是其他小区跳过来的人，因此行业也变得没有了边界。

比如，柯达公司当年打死都没想到，是数码公司打垮了自己；数码公司也没想到，是诺基亚打死了自己；今麦郎、康师傅没想到打败自己的是美团外卖；小偷没想到打死自己的是移动支付。

跨界成了正常的事情。甚至跨界打劫也再正常不过。

3. 人们更关注新的职业坐标系

原来的坐标系发生了变化，在互联网时代，**个体逐渐从组织里面慢慢解放出来，以自己为中心建立了一个新的职业坐**

标系。

全新的职业价值坐标系是这样的:

圈子、能力与特色。

新职业价值体系一旦出现,个人的增值策略肯定也会发生转变。

大家有没有发现,现在这个世界,通过拍领导马屁来提高自己的楼层这种事情在创业公司越来越难了?

通过找关系进入那种活力四射的创业团队,也越来越难了。

因为你能力不行,放在哪儿都没用,给公司造成的损失谁都承担不起。

所以我建议,如果你还希望做一些不一样的事情,成为一个更好的自己,第一份工作,建议你去找一个没那么体制化的工作,至少去不会因为领导一句话决定你生死的活力型企业。

因为领导有可能今天高兴,明天会不高兴,你的升职加薪如果只是依靠领导的一句话,是很危险的。你的价值由市场决定,就会好很多。所以,要提高自己的圈子、能力和特色,让自己就算离开体制,也能活得很好。

按照圈子、能力与特色这个法则,给各位推荐三个方法:

第一个，持续放大自己的影响力，到更好的圈子里去。

第二个，持续提高自己的能力与专长，变成一个大神。

第三个，持续宣扬自己讨人喜欢的人设。

未来的职场人，只要有一个属于自己的圈子、一门独特的手艺，有个性，就能让自己活得很好。

以前我们把能力存在组织里，我们走进体制、工厂、人民公社；后来我们把能力存在钱里面，存在消费里；今天我们可能有机会把自己的才华存在圈子和能力、特色里面。

再分享三条干货：

第一，要走出去，发展自己的圈子，同行圈子甚至是不同的圈子。

从现在开始，每个月至少跟自己弱关系圈的人见面三次。

什么叫"弱关系圈"？就是不常见面的朋友。对于大学生来说，每个月至少应该尝试去跟不同专业、不同学校的同学、师兄师姐、老师交流，打通自己的圈子。

举个例子，我是个作家，当然我们作家圈肯定是经常聚会。

但我还经常约一些其他圈子的人，我的好朋友程一、小白这些人都不是作家圈的，他们属于主播圈、主持人圈。我们几乎每个月聚一次，互相交流，资源共享，他们出书，我会给他们推荐出版社；我出书，就可以去他们那里做一场活动。这样的互动让我们的关系更近了。人要有自己的圈子，也要扩大自己的圈子。

第二，持续提高自己的能力。

当我们进入一个圈子，不妨问自己三个问题：

（1）有什么事，是我在这个圈子里能力占优势的？

（2）有什么事，是我在这个圈子里面不可替代的？

（3）有什么事，是我真正感兴趣的？

如果你能找到这三者的交集，就一定要去做，并且做到极致。

第三，放大你的特色。

这是一个个性化的年代，一个人最大的风险，就是你是一个毫无特色的人。

大家提到你，根本不知道你是干吗的。

你必须有自己的特色，在职场中创造自己的人设。比如老师这个职业，被人记住的老师，并不是他讲得多好，因为你很难衡量什么叫好，什么叫不好。被人记住的老师，都是具备自己的特点和人设的。

当面目模糊的所谓专业人士越来越多，人们就只记得有特色的人，甚至有时候，特色都能成为一项专长。

你进入职场后，一定要思考自己有没有属于自己的人设。

但在生活里，最好抛弃人设，因为你是有血有肉的人。

三、提高自己不可替代的能力

对于我们这一代年轻人，在这个变化的时代，应该做点什么呢？

比如，现在考驾照，会不会在以后的职业市场增加你的竞争力？

不会。因为，它还不如熟练地使用各种叫车软件这个技能有用。

我们这代人一定要接受这个事实：机器真的已经在很多领域比人强了。

今天，你会发现司机的工作已经部分被机器所替代。以前一个出租车司机，他需要会开车、能认路、会收钱，但到今天他只要会开车，认路的事情交给App，算账的事情交给平台就好。

甚至有一天，司机这个职业也可能会完全消失。

机器变得这么厉害，那人该怎么办呢？

第一，你需要提高自己的能力，成为机器无法替代的少数人。

第二，你应该选修一些机器无法替代的技能。

丹尼尔·平克在《全新思维：决定未来的6大能力》里提到一个观点：世界已经从过去的高理性时代，进入一个高感性和高概念的时代，有六种能力是非常稀缺且重要的。

它们分别是：设计感、共情能力、讲故事的能力、整合事物的能力、娱乐感和意义感。

设计感

设计的本质是创新。

也就是说，**优秀的设计总是创造出一种新的解决方式，让事情得以顺利进行。**

比如，苹果被认为是全球最有设计感的公司。好的产品首先是设计得好看。例如，一本书的封面，要让人看到就有想拥有的欲望。

前段时间我参加了一个演讲——主题是关于未来的出行，遇见了据说是设计界的大牛莫康孙老师，他说了一句话：未来的设计都可能会被机器替代，所以，我们必须设计出上帝般的作品。

共情能力

这是普通人特别缺乏的能力。

一个人受伤了、摔倒了、被家暴了，甚至他的孩子遇到了伤害，许多人看到这样的悲剧，第一反应竟然是：幸亏没发生在自己身上。

共情能力就是站在别人的角度思考，甚至思考得比别人更深入。关键在于是否和别人的感情同步，是否能体会到别人的感受。

比如，你在网上看到一些写得好的文章，正是你平时特别想表达但却表达不出来的，说明那个作者就很有共情能力。

所有伟大的产品经理都有共情能力，任何一个行业的高手都具备共情能力。

讲故事的能力

所有厉害的畅销书作家、好的导演、好的编剧……都是讲故事的高手。

商业领袖也需要会讲故事，你看乔布斯、马云，全部是讲故事的高手。现在融资的时候，也有人会经常说，把你公司的故事讲给我听。

把一个商业化、复杂、难懂的事情，讲成了谁都能懂的故事。这个技能特别重要。

推荐一本书，叫《故事》，罗伯特·麦基写的。它是每个作家、编剧的"圣经"。

整合事物的能力

你认识很多人，知道很多知识，这都不算厉害，关键在于你怎么用。

换句话说，你怎么把资源整合到一起。

在电影圈，做这个事的人叫制片人。

你认识这个导演、这个编剧，知道这部原著，然后把这些人放在一起，你就有了一个"盘"。在公司，这种人叫产品经理、项目经理。

搭盘、整合资源的事情，机器是干不了的。

娱乐感

简单来说,就是一个"让你觉得好玩的能力"。

玩乐是人类的天性:

比如,"俄罗斯方块",是款特别"傻"的游戏。这款游戏没有任何目的,它唯一的目的就是看你怎么死。但即使这样,人们也愿意一直玩下去,因为你享受这个玩的过程。

又如"超级玛丽",这款游戏上手就能玩。

今天如果你是做产品的,你的产品要会跟人玩;你是一个做创作的,你要会跟创意玩;你是个做运营的,你就要会和顾客玩。

这里推荐一本书,亚当·奥尔特的《欲罢不能:刷屏时代如何摆脱行为上瘾》,书里说,上瘾体验背后的六大诱导因素分别是:

诱人的目标

积极的反馈

毫不费力的进步

逐渐升级的挑战

未完成的紧张感

令人痴迷的社会互动

意义感

有一本书,叫《活出生命的意义》,人只有给生活和工作赋予意义,才能找到属于自己的灵魂。

一份工作,没了意义,赚多少钱都很难受。

总结一下,未来的人,可能需要这些能力:

设计感和讲故事——产生影响力;

共情能力、整合能力和娱乐感——提高能力;

意义感——放大你的特色。

当有人将这六种东西整合到一起——他就是一个会讲故事、能跨界、理解人、有品位、好玩有趣、活得有追求的人——他将是一个极其强大的人,用《未来简史》里的话说,叫"神人"。

过去理性技能较多的是:程序员、会计师。

今天感性技能较多的是:旅行体验师、设计师、产品经理、Vlog 导演。

具备六种高感性能力的人会在未来更加值钱。

在一个机器越来越强的年代,什么样的能力是最厉害的呢?

答案有两个：超越机器的能力，以及能够跟机器协作的能力。

这也就是你努力的方向，期待你找到适合自己的工作。

寻找知识的源头，提高认知效率

前些日子，我一直在筹划《刺》这部小说的剧集拍摄，从小说到剧本再到剧的变化，总的来说过程是这样的：先从《刺》这部小说里把故事结构拿出来，补充细节，不断扩充，之后还要经过导演的艺术加工，最后把故事视觉化，最终变成一部剧，接下来再根据平台播放时长进行特效剪辑。最后，这部剧才会被观众看到。

中间经历的步骤很复杂，一个环节弄不好就很容易让这部剧毁掉。但写小说就不一样了，小说是独立创作的，作者思路被激发，形成文本，这个东西被称为一手知识。

其实,很多小说都被影视剧改砸了,为什么呢?我们先看一个例子。

一、原著的重要性

百年一遇的数学天才石泓每天唯一的乐趣便是去固定的便当店买午餐,只为看一眼在便当店工作的邻居靖子。靖子与女儿相依为命,失手杀了前来纠缠的前夫。为救靖子,石泓提出由他料理善后。石泓以数学家缜密的逻辑思维设了一个匪夷所思的局,为靖子提供了天衣无缝的不在场证据,令警方始终只能在外围敲敲打打,根本无法与案子沾边。

这就是东野圭吾最著名的小说之一——《嫌疑人X的献身》。

作为原著党,我不太喜欢同名电影,不是拍得不好,而是最经典的一个细节处理得非常糟糕。

东野圭吾这部作品真正的高潮在于故事的最后,所有的伏笔,都为了最后的时间错乱和揭秘,靖子不是杀了一个人,而是杀了两个人。

而整个故事的情感高潮在于，石泓自以为完美地胜利了，却在看到靖子自首后号啕大哭。书中原话是这样的："靖子如遭冻结的面容眨眼间几乎崩溃,两眼清泪长流,她走到石泓面前,突然跪倒：'对不起，真的对不起，让您为了我们……为我这种女人……'她的背部激烈晃动。"

可惜的是,当影片演到这段情节时,林心如老师饰演的女主,忽然跪在地上,说出那句"为什么"的一刹那,电影院全场爆发出难以忍受的笑声,这就像憋了两个小时的大招,最后竟然只是一个哑炮,谁能不难受。

这部电影的结尾，编剧也进行了改编。结尾两个男人在电梯口遇见，石泓莫名其妙地问了一句："难吗？"

警察唐川说："难，太难了。"

这句台词有两层意思："四色问题难吗"和"我给你设的这个局难吗"。都难。

这个结局很巧妙，但却少了一些冲击力，因为好的作品应该能感染到观众的情绪，走进观众的灵魂。

原版故事的结局是这么写的："唐川从石泓身后将手放在他双肩上，石泓继续嘶吼，草稚觉得他仿佛正在呕出灵魂。"

"呕出灵魂"四个字，更能打动读者的心。

如果电影用石泓哭着结尾，应该能让观众走心得多。

这就是为什么，我要鼓励大家读原著，因为原著中有一手知识，那些知识更深入、更彻底。

◆ ◇

二、从电影走向原著

如果你看完一部电影觉得好看，一定要再看看原著。因为原著是一手信息，剧本修改后变成了二手信息，等电影拍摄完就成了三手信息。从一手信息到二手信息再到三手信息，总会丢掉或者不得不修改一些重要的内容。

有些编剧能力强大，改编得可能比原著还好，但好的编剧永远是稀缺品，市场上有太多作品改着改着就被毁掉了。为什么原著党特别痛苦啊？你读原著时觉得这个人应该是这样的，结果影视剧往往特别容易毁掉你内心深处的美好。

原著很多内容，也是因为影视剧的市场需要，被扭曲了、改变了、删减了……而这些没有被我们看到的内容，往往是一本书的精华。这些知识，是更令人动容、走心的部分。

所以，要从电影走向原著，回归一手知识。这样你对一个事件、一个故事，会有更深刻的了解。

小说作品被改砸的有很多，改好了的也有。比如，斯蒂芬·金的《肖申克的救赎》，大多数人都看过，但少有人知道原著，其实是部恐怖小说，讲的是监狱里各种恐怖的事情；《三傻大闹宝莱坞》的原著是一个很简单的故事叫《五点人》，故事性十分一般；《我不是药神》是根据患者陆勇的一篇新闻稿改编的。这些改编都十分成功。看完电影，你再回头看看原著，就会感受到改编的力量。这样的过程，会引发你的思考，帮助你找到一手知识。

人要养成思考的习惯，才能探索到更大的世界。

◆ ◇

三、你的信息可靠吗

我们存在的世界里，大量的信息在传播，有很多都是二手信息，甚至是三手、N手的，这些信息有些是被损耗，甚至是被曲解的。

信息一旦被传播，就会面临衰减和走样，甚至出现变形。

小时候玩过一个游戏，五个学生站在台上传话，第一个孩子念了一句话，后面的孩子传给下一个，一直传到最后一个，这句话基本上就面目全非了。

这才只是一句话，那么一段话呢？一篇文章呢？一个故事呢？如果传话的不止五个学生呢？想必准确性要大打折扣。

举一个例子，我们都听过"21天养成一个习惯"，可是真的是这样吗？

查阅资料后发现，实际上这种说法来自1960年一个外科整形医生的一本书。Maxwell Maltz 医生发现截肢者平均需要花21天来习惯失去一条肢体。

于是他得出推论，人们平均需要21天来习惯生活中的重大变故。

但是，如果我们用21天的时间去练习跑步，每日早读，每天读书，其实是很难养成习惯的。当然，有些习惯，也不需要花费21天，比如你想想，你化了多久时间养成切菜时切不到自己手的习惯？可能几毫秒就够了。因为菜刀切到手，会疼，下次你肯定不会再犯类似的错误。

在 *European Journal of Social Psychology* 杂志上，研

究者检查了不同的习惯，很多参与者的研究结果显示练习与养成习惯的关系能形成一条曲线。他们发现，养成习惯平均达到最大惯性需要 66 天，最小只需要几毫秒。

再如，大家都听过一万小时定律。据说一个人在一个领域连续奋斗一万个小时，就能成为大师，可是，这一万个小时是怎么计算出来的呢？

我们来看看资料，1978 年的诺贝尔经济学奖得主赫伯特·西蒙在 1973 年的时候，与合作者威廉·蔡斯共同发表了一篇关于国际象棋大师与新手的论文。

他们首次提出专业技能习得的"十年定律"，他们发现掌握象棋大师的长时记忆的本领需要花费十年的时间。

1976 年，有个叫埃里克森的人基于他们的研究，进一步拓展了象棋大师的研究。1993 年，埃里克森与另外两位同事基于大量的研究发现，发表了一篇论文 *The Role of Deliberate Practice in the Acquisition of Expert Performance*（中文名称：《刻意练习在获得专业表现中的作用》）。

这是一手知识，人们通过研究、实验和写作得到。

这篇文章很快就红遍了大江南北，同时一个概念被广泛传播：在一个行业坚持一万小时可以成为大师。

2016年，论文主作者埃里克森就发现自己的理念被误读了，他又写了本书，埃里克森在书中强调，自己并没有说跨过一个确定的时间门槛可以保证一个人能成为大师。

不少专业技能的习得不需要一万个小时。在本书中，埃里克森使用的数据也非一万小时定律：比如，从事音乐学习的学生在 18 岁之前，花在小提琴上的训练时间平均为 3420 小时，而优异的小提琴学生平均练习了 5301 小时，最杰出的小提琴学生则平均练习了 7401 小时。

而且刻意练习还和天赋、练习方式高度相关。

同年，学习专家 Eduardo Briceño 在 TED 发表了 *How to get better at the things you care about*（如何在你重视的事情上做得更好）的演讲，也提到了这个观点：并不是一万小时，而是大量时间。

这些论文内容和书里的知识，经过时间的推移和口口相传，逐渐变成了二手信息。

你可能会问，一万小时定律怎么来的？

后来，经过作者调查，得知有个叫格拉德威尔的人读了埃里克森 1993 年的论文，没有提"刻意练习"这个概念，只是抓取出来"一万小时定律"，写成一本非常著名的书——《异类》。

这本书风靡全球，在书中，他充满激情地表达："人们眼中的天才之所以卓越非凡，并非天资超人一等，而是付出了持续不断的努力。只要经过一万小时的锤炼，任何人都能从平凡变成超凡。"

因为这本书的畅销，一万小时的概念也就传播开了。

接着，有无数公众号、人生导师、各种培训师和励志演讲家，开始基于自己的经验解读"一万小时定律"，告诉你任何人只要努力都能成为一个领域的大师，然后推销他们的方式：一万小时的诀窍、一万小时的工具和方法等。这些方式，就使人们离一手信息越来越远了。

四、深挖知识的源头

1. 重要的知识，多去寻找知识的源头

二手、三手、四手知识，本身没有错，我自己也出版过畅销书，也写过一些爆款文章，这样的文字方便传播，因为你需要让更

多的人加入学习。但要明白，真正有用的知识是需要深挖的，比如你听完一门课程，如果觉得有趣，可以尝试着去搜索一些相关知识，继续探索式学习。有个读者曾给我发私信，说他对我讲的某节课特别感兴趣，想写一篇论文，还查阅了大量资料。我很高兴，这就是愿意深挖知识的同学，做法特别好。

要养成一个好习惯：要么证实，要么证伪，要么存疑。命好不如习惯好。

这是个重要的思考逻辑，比如转基因对身体有害吗？你要么证实；你证明不了，就去证伪，发现也不太好证，怎么办？你可以存疑。但凡一个人跟你说，每个人都应该吃转基因食物，就存疑！这是个好习惯。等你有了充分的证据再相信。了解了一个东西再相信叫信仰，不了解就盲从叫迷信。

2. 如何辨别知识的源头

以下这些可以帮助你提高效率：

一手的研究论文、行业的学术期刊、行业最新数据报告；

名校的教科书、MOOC（慕课）里推荐的一手材料、维基百科；

讲述底层逻辑、思考质量比较高、略微难懂的书和文章；

各行业领军人物、行业大牛推荐的资料。

3. 跟随知识源头的人

比如你的导师、某个行业的专家,那些综合能力和素质比较强的人。

我就有这个习惯,戏剧领域不太明白的东西我会问宋方金老师,写台词方面拿不准的我就请教陈道明老师,教学方面拿不准的我就问古典老师。有时候他们很忙,我就请他们吃个饭,吃饭时顺便把不懂的事情问清楚了。

当然,对于怎么认识大牛的问题,可参考之前的内容,希望对你有启发。还是那句话,你只有足够优秀,身边的圈子才会更优秀,在此之前,希望你放弃无用的社交。

4. 成为知识的源头

有个学生问我:"龙哥,我觉得周围一片黑暗怎么办啊?"

我说:"因为你不是光,你要是光,周围都是亮的,世界也就不黑暗了。"

这就是为什么我们这一代人一定要多读书、多思考、多查阅、多经历。原来我一直觉得能依靠别人也挺好,不懂的请教别人,不会的找别人帮忙，后来才明白，这世界只能靠自己。不然，别人的光芒照亮了你，你仍处在一片黑暗中。

有一个现象，读书越多的人越觉得自己什么都不懂，不读书的人反而觉得别人什么都不懂，这是很可笑的。所以，人要养成读书的习惯，成为知识的源头，不停地学习，终身学习，永远不要停下前进的脚步。

5. 习惯的养成

到底多少天才能养成一个习惯呢？日本的一位作家古川武士写的书《坚持，一种可以养成的习惯》里说，通过大量的实验得出，习惯是一种复杂的行为方式，它分为三种，而每一种养成的习惯，都不一样：

习惯的三种分类

程度一 行为习惯	・所需时间：一个月 ・阅读、写日记、整理、节约等
程度二 身体习惯	・所需时间：三个月 ・减肥、运动、早起、戒烟等
程度三 思考习惯	・所需时间：六个月 ・逻辑思考能力、创意能力、正面思考等

五、一定要多阅读

要静下来读书一个很重要的原因是：当回到书本中时，我们更能贴近作者当时的思想，培养和作者的感情连接，了解一手信息。

当然，如果你对一个话题只是感兴趣，不想浪费时间深入了解，往往得到二手知识就够了，它只是一个谈资，只需了解不必深究。但如果你想成为一个不一样的牛人，做这个领域出类拔萃的高手，就需要寻求一手知识。

当年我为了求证 close up 和 close down 的区别，在北外的留学生宿舍门口抓着老外就问，这种求知的经历到现在我也很难忘记。不过现在已经改善很多，因为有各种各样的辅助书籍，互联网查询也更方便快捷。

书是追求一手知识非常方便的路径。

所以，一定要多阅读。

祝你读书愉快。

PART / 02

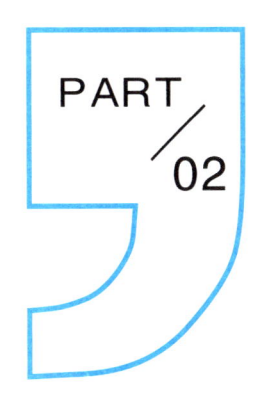

| 提高情商 |

做一个高段位沟通者

无论科技如何改变，
社交软件怎么更新，
要抓住"让对方舒服"这个原则。

做一个有趣的人，没有那么难

同样一门课，不同的老师讲会有不同的效果。有些老师讲课，外校的学生都跑过来听，每次上课都人山人海，还有很多学生坐在台阶上。但可能换了一位老师讲课，大家听着备受煎熬，每次来的人都寥寥无几，只能靠点名维持住听课的人数。

其实，两位老师讲的内容一样，只是传授的方式不同。

为什么呢？因为第一类老师不仅讲得有用，还有趣。第二类老师讲明白了但很生硬，人的注意力有限，所以很难让人集中精力去听。

这个时代，有趣其实比有用更受欢迎。

如果不学会把正经的事情用幽默的方式来表达，是很难被人听进去的。现在的信息量太大，信息源也太多，而且人人都会讲话，只有幽默的表达才能凸显出你的独特性。

有人抱怨，我天生就不是个幽默的人。

说这些话的人，请一定记住：没有人天生注定是什么样的，尤其是年轻人，每个人的思维都可以被重新塑造。也没有人天生就自带幽默，我们刚出生的时候，都是哭着降临到世上的。幽默都是后天训练的，是经过学习得到的，是不断精进养成的习惯。

在职场中一定要警惕这样的人，也要避免成为这样的人，他的口头禅是："我就是××的一个人……"

这句话包含了两个很重要的信息：第一，我就是这样，你想怎么样；第二，我不准备改变了。

一个不准备改变的人是十分可怕的，因为你还在改变，还在进步，他却已经老了。

"成为"一个幽默的人，也是一个动词，要去行动，要用在生活里。

比如在讲话、发朋友圈前思考一下：我是不是可以用更幽默的方式表达出来？

把幽默当成一种习惯。这样久而久之,你就变成了一个受欢迎的人,你的生活也会更有趣一些。

◆ ◇

一、幽默可以化解很多矛盾

给大家推荐一本书——*Does Santa exist?*,书名表面的意思是"圣诞老人存在吗?"。其实这是一本哲学类的书,作者是《生活大爆炸》的制片人,但中文翻译成了一个特别诡异的书名《本书书名无法描述本书内容》。

书里详细论证了圣诞老人是否存在。

从逻辑角度来看,圣诞老人不存在,因为你无法用逻辑推理出圣诞老人的存在;从神秘主义角度来看,圣诞老人存在,因为圣诞老人就是宗教的产物。在两方争论不下,剑拔弩张的时候,还有第三个角度,即从幽默的角度来看问题:你们别吵了,昨天我看到一个像圣诞老人的老头摔了一跤,踩了个香蕉皮,我笑着走了过去,心想,装什么圣诞老人,结果一看,是我爸。

幽默能解决矛盾和争吵。书里说:这个世界所有的事情都可以用这三个方式去理解：从逻辑角度，从神秘主义角度，还有最高的智慧形式——幽默的角度。

人就是学会了幽默，才可以避免许多争吵。

二、跟乐观的人做朋友

原来有个朋友是专门推销不锈钢杯子的，他正在给别人推销时，杯子忽然掉在地上摔坏了，很尴尬，这说明他之前推销的话术有很多都是假的。

但他很聪明，马上接话说："像这种杯子，我们绝对不会推销给您的。"

虽然这有骗人的嫌疑，但他用幽默的方式化解了尴尬。

你想把人弄哭很容易，但你想把人逗笑却非常难。

这个世界本来就充满着苦痛和酸楚，你越长大越发现，让人笑是一件极其困难的事情，随着年龄的增长，你的笑点和泪点会变得越来越高，人会变得越来越麻木。

我很感谢那些让自己哭过笑过的人，更珍惜那些把哭和笑都放在脸上的人，这些人没有被时间洗涤，变成和别人一样麻木的人，他们依旧满怀感情。

在这个时代，这样的人很难得，要多和他们交朋友。

因为他们在你身边，你会感觉到喜怒哀乐是真实的。

◆ ◇

三、学会吐槽

其实，所有的幽默都是可以学会的，现在已经有很多专门从事幽默解读工作的人，逐渐把这门学问破解了。

看了很多资料，我才明白，幽默是有公式和方式的。

首先，先分享幽默的第一个方式：吐槽。

你可以去看看美国的《吐槽大会》，那种面对主咖无情吐槽给予致命打击的感觉，特别好玩儿。

为什么吐槽很有趣呢？**因为吐槽别人，提高了自己的优越感。**

吐槽别人的缺点，可以产生幽默。

大家为什么觉得小品好笑？因为小品一边吐槽社会现象，

一边吐槽生活热点。幽默必须有吐槽的合作，才算得上是幽默。

比如你只夸我，龙哥你好帅，好有才华。这就是失败的幽默。

你可以说，龙哥，你今天怎么不洗头啊？因为可以吐槽，才显得更有趣。

我每次签售的时候，学生总问我为什么不洗头。我很尴尬，不是不洗，而是总忘，太忙了。逐渐这就成为我的一个槽点了。

所以，吐槽的第一个重点是：寻找槽点。

分享一个5w法则：

比如你可以尝试吐槽一下这句话：龙哥殴打石麻麻。

Who：龙哥打得石麻麻从黑色变成了红色。

Where：据说是在厕所里打的，石麻麻很享受那种味道。

Why：粉丝给龙哥送了当地特产，石麻麻吃得还剩个袋子。

When：石麻麻吃饱了刚准备下班，龙哥来了，给打得满脸血。

What：据说龙哥下手十分轻，掐人都是掐一小块肉，还旋转一下。

你可以灵活运用这个法则，试试寻找话题，看看怎么吐槽。

四、如何自嘲

说完了吐槽,我们来看一个吐槽的高级版本:自我吐槽,也就是自嘲。

如果说吐槽是把自己的欢乐建立在别人的痛苦之上,那么自嘲就是把别人的欢乐建立在自己的痛苦之上。

自嘲跟吐槽别人不同,因为你要吐槽别人,必然会有得罪人的风险,自嘲就没什么风险。

我们在上课的时候,涉及吐槽其他老师的话题都是提前跟对方打招呼,吐槽他的时候不准发脾气,还会提前问对方,这个话题能说吗?那个话题能碰吗?

但是,自嘲不一样,自嘲是一种针对自己的贬低方式,不会造成人际纠纷。自嘲是你把自己放低了,别人也就不好意思,也没有空间甚至不舍得吐槽你了。

大家看看高晓松老师,原来大家都吐槽他长得丑,他也天天自嘲长得丑,现在没人吐槽他的长相了,因为不舍得。甚至还有人专门做了他的定制抱枕,表达对他的喜爱。

自嘲是一种需要强烈自信的幽默方式,也是一种自我悦纳的表现，你对自己的弱点有很清晰的认识，又有勇气说出来，知道自己是谁，懂得自己的不完美。

这也是我要给你的关于自嘲的第一个建议：**接纳自己的不完美，敢于把自己的弱点展示出来。**

第二个建议：你给自己创造一个有固定吐槽点的"人设"，把这个"人设"当作你经常自嘲的对象。

比如，你可以给自己设计几个大家都容易感同身受的标签，这些标签得是负面的，像矮、胖、穷、丑就是自嘲的几个通用标签。

我们拿穷来举例子，吐槽自己穷特别受欢迎，为什么呢？因为大家都穷。

如果一个人听到别人讲他比自己还穷，听者立刻就产生了优越感，这种压抑就得到了释放。

比如，一个人自嘲穷时可以这么说：

乞丐向我抖饭碗时，我都觉得他在向我炫富；

六位数的密码，保护着我三位数的存款；

我在马路边捡到一分钱，嗯，有钱了；

我从来没有接到过诈骗电话；

……

相信你可以感觉到了，自嘲的方向一定是"我很差""我很糟糕"。

你还可以找一个生活的具体细节，然后把槽点夸张到荒诞的程度。

比如你要形容自己矮，可以这么说：

他们都特别羡慕我可以坐在板凳上，把双腿荡来荡去；

我跳起来能打爆你的膝盖，你呢，趴着才行；

一个孩子想去十五楼，我踮起脚帮他按了个二楼，对不起，只能帮到这儿了；

…………

你要形容自己笨，你可以这么说：

他们说吃鱼会让人变聪明，所以我养了一池塘的鱼，现在鱼吃完了，我还是我；

我的脑袋长在脖子上只是为了显高；

我从来不怕别人说我笨，因为他们说得对；

…………

你要形容自己丑，能说的就更多了：

他们说喜欢我的颜值，我很生气，因为我觉得我怎么也有点儿才华吧；

我和身份证上的自己是一模一样的；

我一直怀疑，我妈怀我的时候，肚子里不是羊水，是硫酸；

…………

记住自嘲的要点：第一，负面标签；第二，我很差；第三，细节夸张。

其实，自嘲是一种高手沟通的方式。

只有极度自信的人才会自嘲；相反，那些不自信的人，才会一遍又一遍地强调自己有多厉害。那些饭局上的油腻大叔为什么遭人讨厌？因为他一遍遍卖弄自己。真正的高手从不卖弄自己，都是自嘲，让别人夸自己。

五、幽默的本质

总的来说，发笑的机理有三个，它们分别是：意外感、优越感、宣泄感。

1. 意外感

康德说过这么一句话：在一切大笑里，肯定有荒谬、悖理的东西。

这句话是什么意思呢？

笑话中的逻辑，跟我们平时认知的逻辑不一致、存在矛盾，所以幽默才产生。

举个例子，宋方金老师讲过一个段子：

我们电影工作就是在减分，编剧写了个剧本一百分，导演来了减十分，美术来了减十分，道具来了减十分，小品演员来了，直接减到负分。

但有小鲜肉的戏不一样，编剧来了加十分，导演来了加十分，美术来了加十分，所以有小鲜肉的戏，一共三十分。

这叫意外感，因为正常逻辑是一直加到正分，但这里突破了正常逻辑。

再举个例子：

我最讨厌两种人，一种是地域歧视的人，另一种是黑人。

相信你一定反应过来了：讨厌黑人本身就是地域歧视，所以这个表达存在明显的逻辑矛盾,这是我们产生笑声的根源。

比如,有一个著名的故事:一个富豪要娶老婆,他就跟三个姑娘说,给你们一点儿钱,你们谁把这个屋子填满,我就娶了谁。

第一个买了好多棉花,填了整个房间的一半。

第二个买了好多气球,填了整个房间的四分之三。

第三个买了一根蜡烛,点亮了,填满了整个房间。

现实中,最后富豪会娶了最漂亮的那个女的。

2. 优越感

托马斯·霍布斯说过:"笑,是发现事物的弱点,突然想到自己的某种优越感时,那种突然的荣耀感就是幽默。"

听起来很绕,其实它的意思是,每次当你看到有人尴尬或者被羞辱的时候,你会在对比下产生一种优胜心理。

比如,你在路上看到有人踩到了香蕉皮,摔了个四脚朝天,你可能会忍不住发笑。

这种情况就属于优越感,你走得好好的,而他却踩到了香蕉皮,而且摔得很难看,你的优越感一产生,笑也就产生了。

优越感是人的本能。人看到对方不如自己,还不停地显摆着时,就会发笑。

3. 宣泄感

哲学家斯宾塞说过：笑是对压抑神经的释放。

所谓对压抑神经的释放，就是宣泄感，宣泄能产生笑，产生幽默。

给人宣泄感的典型例子，就是那些敏感话题的段子，因为不让聊的话题忽然被聊到是有一种很强的宣泄感的。

带有色情意味的笑话就是这样，但这里建议，女孩子尽量不要讲这样的段子，尤其是在公开场合。

我再用一个例子来解释为什么宣泄感能产生笑：

电影《海王》里有个情节：

海王在一家酒吧和爸爸喝酒，忽然后面来了几个黑手党一样的大汉，身上全是文身，走过来一巴掌拍过来，说："你就是电视上那个人吧！"

爸爸说："去吧！"

海王说："你们最好别惹我。"

说完就站起来了，准备开打。

忽然，那几个大汉说："我们能跟你拍张照吗？"

看到这里，大家都忍不住笑了。

你想达到最后的宣泄和释放，你就要先营造一种紧张感，后面再忽然解除。也就是说，你前面冒犯得越过分，后面解除得就越爽。

六、段子的基本公式

段子总的来说有一个公式，这个基本公式非常基本：

段子 = 铺垫 + 包袱。

解释一下：

段子由两部分组成，第一部分是前面的一句话，我们把它叫作铺垫。第二部分是后面的一句话，我们把它叫作包袱。

其中，铺垫是建立第一个思路，把你引向方向 A；而包袱是揭示第二个思路，把你引向方向 B，往往 A 跟 B 甚至可以是相反的。这就是我们上面讲到的意外感。

前面的铺垫不需要好笑，你只需要陈述一个事实，越正经越严肃越好，好笑的在后面的包袱部分，要反转，要意外。

比如，我上课经常讲："只要你按照你自己的方法坚持练习听力，总有一天，你会习惯听不懂的！"这个就是包袱。

再举个例子，歌手大张伟在一个电视节目上说过这么一句话："大家都应该热爱小动物，因为它们非常好吃。"

前半句话，"大家都应该热爱小动物"就是铺垫，他这句话采用的是我们在社会语境下比较常用的一种逻辑，因为环保，大家都应该保护小动物。作为一个明星，提倡保护小动物很恰当，大家都是往这个方向去想的，这是方向 A。

后半句话，"因为它们非常好吃"就是包袱，它产生了一个转向，把这些小动物转向成了食物，把观众引向了方向 B，这个时候幽默感就产生了。

再分享几个小窍门：

1. 直面冷场

倘若你真的冷场了，没关系，你就直接说一句：我是不是冷场了？

这个叫包袱转移，把你自己变成包袱。

凤凰传奇中的玲花就干过这个事儿，她的包袱失败了，自己强行加了句说：不好笑吗？

然后全场爆笑。

2. 偷换概念

你可能听过这个段子：

我问我的朋友说："你有《时间简史》吗？"朋友说："有，我也不捡那玩意儿。"

这里面"有时间捡屎"，当你听到这个词的时候，大家会默认是指"有《时间简史》这本书"，但是这个词，可以有第二种解释，也就是有没有时间去捡大便，在这里面的连接词就是"有《时间简史》"。

还有《黄金大劫案》里有段对话：

"老实点啊，我大哥常杀人。"

"大哥！我太原人！"

这里就偷换了概念，常杀人和长沙人谐音。

3. 押韵

你先找出一个哪怕是常识的道理，然后变成押韵的。什么东西一押韵，就显得特别有道理。比如："怀才和怀孕一样，时间久了才能被发现。"

押韵有两种押法，一种我们叫头韵，另一种我们叫尾韵。

刚才这个是头韵,怀才和怀孕,押在了头韵上。

《乡村爱情故事》里面有一句台词:"人生没有如果,只有后果和结果。"这个"果"字是这里的一个尾韵。

再如,人生就像打电话,不是你挂就是我挂。

所有的这些头韵和尾韵都能够增强你表达的效果。

最后,如果你真的不是一个幽默的人,也没必要刻意让自己幽默。

讲好故事,这个比其他的都重要。

认真也是一种美好。

如何正确地和异性相处

前段时间有个男生跟我聊天，说看了我的书，懂得了努力和坚持的意义，于是他孜孜不倦地追求一个姑娘三年，终于，这个姑娘嫁给了别人。

我跟他讲，女孩子不是追上的，女孩子是吸引来的。感情这个东西和坚持没有关系。他恍然大悟，问我，有什么书能了解女孩子吗？

于是我给他推荐了《男人来自火星，女人来自金星》这本书，因为它是了解两性的入门书籍。

此前有一位妈妈跟我聊天，说她的老公每天回家特别晚，回到家也不爱说话，就一个人跑到房间里，只要自己去敲门，老公就发脾气。她说，结婚前两个人无话不说，是不是因为结了婚，两个人就没话了？我说，不是，根据这本书里讲述的观点，男人在累了一天后，特别想要一段独处的时光，这个时光无论多短暂，都希望是属于自己的，尤其是工作压力很大的时候。

你这个时候，不用说话，端一杯牛奶进去，然后默默地出来看电视，别理他，过一会儿，他会出来找你的。

她照做了，果然，那天他们聊了很多，据说还花了好多钱开了一瓶香槟。这个妈妈问我，还有没有什么书推荐，我想了想，给她推荐了加拿大心理治疗师克里斯多福·孟的作品《亲密关系》。

我的微博里每天都有很多同学私信我，原以为都是成长、工作、生活的问题，后来仔细一看，也有很多问感情、两性关系的事，其中最多的，就是问异性的想法和思考逻辑。

写这篇内容，我查了很多资料。也就是在查资料的时候我才明白，两性关系为什么有这么多复杂的困惑，也是能通过读书解决的。读书是这个时代最优雅也是最廉价的理解这个世界的方式。了解异性是生活中非常重要的一项技能。

现在这个时代变化太快，大家是否发现，男孩子现在不太爱追女孩子了，女孩子也慢慢地开始追求自己喜欢的男生了？为什么？因为随着年代的推移，男生和女生的心理发生了很多变化。

不仅如此，婚姻也发生了变化，这个时代的离婚率也越来越高了。美国的一位作家盖瑞·查普曼有本书叫《爱的五种语言》，里面说，心理学家对恋爱这件事情做了一个长期研究后发现，一段令人神魂颠倒的爱情平均寿命是两年。如果是秘密的恋情可能会长一点。

所以很多夫妻在恋爱感觉失去后，他们只有两种选择：一种是跟另一半痛苦地活一生，这是在中国特别普遍的现象；另一种是放弃婚姻，重来一次。不过《爱的五种语言》这本书做了一个深刻研究，第二次婚姻的离婚率，在美国依然高达百分之六十，如果牵扯到孩子的话，这个离婚率会更高。

为什么呢？作者给了一个答案，说：**因为大家不会和异性沟通。**

◆ ◇

一、爱语：无声胜有声

《爱的五种语言》的作者盖瑞·查普曼说，在两性之间，我们一定要学会爱语。作者总结了爱的五种语言，分别是：

肯定的言辞、精心的时刻、接受礼物、服务的行动和身体的接触。

通俗点，"肯定的言辞"就是适当地用积极的语言鼓励对方，如"你真美""你今天特别帅""你的发型今天是精心准备的吗"。多说一句，夸奖人的本质是认同，所以夸奖一定要从细节入手，要观察别人，夸奖他期待被看见的地方。

"精心的时刻"指的是两个人专注地做一件事，比如干家务，你帮我扶梯子，我来换灯泡，两人产生了"心流"。

"接受礼物"：我回到家给你送了一束花；你给我做了一个蛋糕；一觉起来，枕头下面放了一张购物卡。这样的方式同样适合对待你的父母。

"服务的行动"就是做另一半让你做的事情，通过服务，表达你的爱。比如你一直希望我把四六级考试过了，比如我一直希望你早起锻炼身体，为了对方，后来都做到了。

最后一个最重要，"身体的接触"，就是通过牵手、接吻、拥抱，甚至性生活来表达对另一半的爱。

大家有没有发现，情侣、夫妻、男女之间的表达，似乎并没有用太多话语，都是爱语？爱语甚至不用开口，本身就是一种很重要的交流方式，情侣之间到了一定程度，话可以越来越少，但信息一定是越来越多。

两个人背靠背在一个安静的地方，哪怕不说话，也不会觉得尴尬，只会觉得一种暖流流向彼此，这种感觉叫"爱语"。

所以我第一个跟大家分享的话题是，交流不一定要通过语言，有时候，你的态度，传达得会更多。那如果一定要用语言沟通呢？男人和女人的话语体系有什么不同呢？

我们先说说男人。

二、男人的语言体系：远离喧嚣，进入洞穴

举一个例子：

我的一个朋友发了一条这样的朋友圈：男人到了中年的时候，就是喜欢一个人安静一会儿。尤其是下了班开车回到家，到了楼下，停好了车，就不愿意上楼，而是在车里坐几分钟，这几分钟就是这一天的全部。因为你上了楼，就是父亲、是丈夫、

是儿子，唯独不是你自己。

这句话凸显了男人的一种无奈，但现实生活里不仅男人是无奈的，女人也一样。有一部电影叫《找到你》，就把女人的无奈讲得很彻底：为了工作就没了家庭，投入家庭就不得不放弃工作。

男人其实也一样，抱起砖头就抱不了你，放下砖头就养不了你。

他的朋友圈提了一个问题：为什么男人要在车里待一段时间呢？

这是男人的一种宣泄方式：远离喧嚣，进入洞穴。

但是很多女人不知道男人的这种宣泄方式，她们会认为这男人是不是不爱我了？这男人是不是有新欢了？他跟我怎么没话说了？你不是喜欢自己待着吗？那你待着吧，一辈子都在自己的世界里待着吧，千万别出来，出来我打死你！

接着，男人就会强迫自己走出山洞，但这个时候，因为强迫自己出山洞是带着情绪的，所以，这些情绪往往都会迁移到女性身上，吵架就不可避免了。

其实，女性处理这样棘手的方式很简单，《男人来自火星，女人来自金星》这本书里讲了一个故事：

作者的妻子邦妮在发现丈夫躲进洞穴的时候，就应对得比较好——当然作者在书里那肯定是要夸自己老婆的，不夸的话老婆一看，人毁书亡——作者的妻子一看自己老公需要一个人静静，她知道这不是谈话的好时机，就不去打扰丈夫，而选择去购物或者和朋友结伴远行，使劲购物，刷丈夫的信用卡。

作者看到妻子能照顾好自己，就放心地走进洞穴，调整自己，并且最终精神饱满地重新走出洞穴。两个人很高兴，然后丈夫精神饱满地还信用卡去了。

男人的话语体系往往是在高压之下，进入洞穴，获取能量。

其实你发现很多男人回到家要不就是打开游戏，要不就是打开报纸，因为男人要脱离现在的世界，去一个虚拟世界中获取能量。

那女人呢？

三、女人的话语体系：情绪重于现实

我还是再强调一遍，这本书的主题是群体心理学。当然你可以说，你也是个女生，你不是这样啊，没关系，因为你是不是这样的问题，属于个体心理学，我们在聊群体、大众的心理学。

我摘取了书中的一段话，来表明一个观点：**女人的话，要听背后的情绪，而不是听表面的意思。**

我们来看这个例子：

女人说："我们成天宅在家里，都要发霉了！"

男人立刻反击，说道："谁说的？我们上周不是刚出去过吗？"

男人回答的可能是客观事实，但很显然不是女人想要的回答，反而激怒了女人。

要知道女人并没有责备男人，她的真实意思是："亲爱的，我想和你出去转一转，做点有意思的事儿。我们有些日子没在外面吃饭了。"

其实男人只要明白，女人说话是种情绪表达，不要只是从字面上去理解，就能避免争吵。

男人要适应女人夸张的表达方式和戏剧性的语气,就能避免很多冲突。所以要记住,和女人说话,千万不要大声,因为你会勾起她的情绪,到时候,一场战斗就来临了。男生有没有发现,你和女孩子吵架最终都会归因于"你为什么吼我"?

所以,男人一定要懂得倾听,了解女人的思维和感知方式,听懂她的言外之意、弦外之音。

倾听是男人满足女人情感需求的首要法则,是进行有效沟通的前提。

我们举几个例子,看看男孩子们能否听明白女孩子们的弦外之音:

1. 女孩子说:我没事。

很多男人就觉得:嗯,没事就好,还担心有事呢!

这个时候正确的方式是看表情,看她是不是真的没事,而不是只听字面意思。

2. 女人问:我是不是变胖了?

女人普遍非常在意自己的身材。当她问男人这句话的时候,是想得到男人的赞美。而不是让她真的觉得自己胖了。

如果这个时候,男人回答:对,确实有点胖了。那就等着遭殃吧。

你的正确回答应该是：你在我心中是最美，每一个微笑都让我沉醉。

3. 你让我觉得没有安全感！

安全感对于女人而言十分重要，许多男人认为只有自己取得成功，才能给女人更多保护，这只是一部分。女人想要的安全感更多的来自男人的关心和呵护，比如问一句：你还好吗？比如多关心一下她的近况，也能让她感到自己是被爱着的。

正确的做法是，问她在哪儿，出现在身边；或说一句：我都在。

4. 给我说说你前女友吧，我就随便问问。

这是一道送命题，总有倒霉孩子这个时候说了好多感动自己的话，比如：我和我的前女友吃过这家餐厅，去过那个地方。恭喜你，你又收获了另一个前女友。

5. 你让我静静。

直男们，可千万别离开，说，那好吧，你静静吧。

你应该待在一旁，陪着她，或者默默看着她，不说话。或者你讲个笑话，也可以打断她的情绪。

6. 你觉得我哪里好啊？

你针对这句话的潜台词，只有一个，往死里夸她！不留余力地夸。实在没什么可以夸的怎么办？不能说谎，你可以说，你是我见过最特别的。因为从理性角度来说，每个人都是最特别的，世界上没有两片一样的叶子，也没有两个一样的人。但你一定要带着情绪，使劲夸。

这就是男人和女人的话语体系，一个注重事情本身，一个注重当下的感情需要。

《爱的五种语言》里写了个故事，很有趣：两个人吵完架，吵得很凶，第二天，男生记得这个事儿，但不生气；女生在生气，但不记得什么事儿。

这就是为什么女生永远骂男人，渣男。男生很少骂女生，"渣女"，最多只是说女生，"你这事儿做得不合适"。

说这个话题，就是想告诉大家，女孩子跟男孩子沟通，多讲事实；男孩子跟女孩子聊天，多注意情绪，这个很重要。婚姻治疗师金韵蓉老师在《你要的是幸福，还是对错》里讲过一个故事，当她决定跟老公吵架时，她会问自己一个问题：金韵蓉，你是在跟谁沟通，你在和对方沟通，还是你在跟自己的情绪沟通。你要是有这么一个两秒的停顿，结果就会截然不同。**女生要学会有话直说，男生要学会去反馈。**

另一本书叫《魔鬼搭讪学》，作者是我的好朋友阮琦，有一次我跟他吃饭的时候，问他，作为一个直男，能不能告诉我，女性思维最重要的特点是什么？

他说，有两点，记住就好：

第一个要点是，女性思维往往是当下自己的感受，指的是时间上的当下。这里要强调：不是过去，也不是未来。

比如，你在街头搭讪一个女孩，女孩问你："我为什么要认识你啊？"一般人可能就说了，"因为你长得漂亮"，或者"因为我很喜欢你"，等等。

这么回答，其实就是指向未来的男性思维，因为男性是目的导向思维。

其实，女孩子能接受的，恰恰不是这种未来的感觉，而是当下，比如："因为刚才我突然看见你，我觉得有点心动，这是很久没有的感觉，我怕错过这个机会，所以我头脑一热，就上来了。"

这是一个女孩子能够接受的。就算她拒绝你了，你也不会给她留下不好的印象。

女性思维的第二个特征，就是看重人与人之间的联系。 也就是"你跟我到底算什么"，一般两个人结婚之后，经常会因为这一点吵架。

比方说，有个男的，本来跟老婆说好了，今天晚上回家吃饭，可是临时要加班，走不了了，他就给老婆打了一个电话说："老婆，公司要加班，我回不来了。"老婆肯定很生气啊。然后回到家，男人一推门，看到老婆拉着一张脸，男人就会暴怒："我不是为了这个家吗？我加班我容易吗，臭着张脸干什么啊？"这就是目的导向，女人也很委屈："我做了一桌子菜等你，你也不回来，回来还发火，我容易吗？"

然后，两个人就会叮咣干架。（选自阮琦《魔鬼搭讪学》）

这件事情，就是男人误解了女人，他觉得女人在说事情（是要他回来吃饭），其实错了，不存在这个二选一的选择，女人只是需要他重视她（说的是关系）。比如，他在下班路上，给她买一朵花，或者想别的办法，让她感受到他重视她，重视这段关系，这事儿就结了。

男人觉得女人要答案，实际上女人要的只是一种联系。

说到这儿，总会有种淡淡的忧伤，因为我的父母在我童年的时候，就总是因为这样的原因吵得不可开交。其实现在回想起来，他们完全就在两个频率上争论着。只可惜，父母那个年代，他们没有机会读到这样好的作品。

阮琦还说，男人跟女人沟通，有个原则叫"状态加感受"。

比如，有个女孩子跟你说："哎呀，我是个路痴。"

你应该这么回答："唉，我也是，不过我不是路痴，我是数盲，遇到数字我就蒙。"这样你们就能聊起来了。

如果女孩说："我是个路痴。"你回答："好啊，以后你找不着路，就给我打电话。"

其实她不是想让你帮忙，只是想说说自己的感受和状态，你一下子跳到解决方案上去了，这个就不是状态加感受了，下面的话就没法接了。

所以说，男性的思维目的性很强，都是要找个解决问题的方案，而很多时候，女孩子并不是要你解决问题，她在乎的只是感受。

再举个例子你就懂了，女孩给你发短信说："我感冒了。"一般人都会说："多喝水啊，吃药了没？"男人觉得这是在表达关心，这是目标导向。但是女孩子要的是这个吗？这个时候最好的回答就是："现在我在上班。算了，我还是跟老板去请个假，现在去看你吧。"你放心，人家女孩子不会让你去的。

但是你一定要表达这种感受状态，以及和她之间的联系，而不是提供喝水这样的方案，这样到头来自己感动了自己。

那我接下来问各位男孩子一个问题，女孩子说，我觉得那个蓝色包特别好看。你的回答是：

A. 我给你买

B. 紫色的更好

C. 我喜欢紫色的

答案是C，前两个都带着目标导向，第一个是提供拥有的方案，第二个是提供颜色的方案，第三个表达的是当下的状态。

到这里，我想你也开始明白，男人和女人根本就是两个世界的人。接下来，我们通过《亲密关系》来叙述一个更重要的话题，如何提高男女生的亲密关系。

四、如何提高亲密关系

根据《亲密关系》这本书所述，男女之间的亲密关系有四个阶段：绚丽、幻灭、内省、启示。

"绚丽"阶段就是蜜月期，两个人如胶似漆，亲密无间，也就是你初恋时的那前几个月。

进入"幻灭"阶段,双方开始看到对方的缺点,内心生出遗憾,人也逐渐恢复到冷静。

到了"内省"阶段,对方的缺点越来越多,同时,自己也有机会从中反省自身的问题,正视内心真实的自己,这个阶段,双方越来越客观。

最后的"启示"阶段,两个人接受自己的不足,共同成长,寻找爱的真谛。往往到了这个阶段,双方就会走入婚姻殿堂。

在亲密关系中,除了"绚丽"阶段,其他阶段都会遇到冲突,非常常见。

冲突的方式很多,我们简单看看几种情况,看你中招没:

1. 攻击

攻击就是公开主动地表达愤怒。

攻击的方式很多,批评、指责、威胁,甚至辱骂、肢体冲突等。但大家是否发现,攻击虽然是最常见的,但似乎是最没有帮助的。两个人一旦进入攻击状态,往往就丧失了理智,非要对对方造成伤害才会罢休。许多时候,攻击的背后仅仅是因为对方对自己的忽略和忽视,甚至很多攻击在冷静下来想想,都不清楚原因是什么。攻击像一把刀,多年后就算伤口愈合,也会觉得隐隐作痛。

作为男人，避免直接的攻击是十分重要的成熟标志。我父亲曾经告诉我，成熟的标志之一，就是喜怒不形于色，对外人应该如此，对亲近的人更应该这样。

2. 情绪抽离（冷战）

父亲虽然告诉我不要直接和人产生冲突，但父亲也会用一种方式表达自己的攻击。这种方法，专业术语是情绪抽离，普通的说法是"冷战"。

"情绪抽离"，就是"冷战"，两个人避开正面冲突，选择"冷战"的方式，一言不发，尽可能逃避。

有些人不喜欢直接对抗，所以在和伴侣闹别扭的时候，会选择闭嘴。"情绪抽离"的目的是远离痛苦，但这样的交流其实是更可怕的。

许多夫妻在发生争执时，丈夫都会采用情绪抽离的方式，比如出门买东西，比如关进房间不出来，这样一来，丈夫就可以远离痛苦的核心了。

可是人逃离了，事情和矛盾还在。冷战最后的结果，多半以双方失望、绝望收尾。

3. 被动攻击

除了以上两种攻击，还有一种更可怕的，叫被动攻击。

被动攻击是最吓人的，是通过故意装委屈，单方面扮演"受害者"的方式，令对方产生愧疚感，从而惩罚对方，避开坦诚沟通的做法。

这样做只会令装委屈的一方一时感到释怀，对于亲密关系却是非常有害的。

我遇到过一个姑娘，一定要离婚，我问她为什么，她说，因为他太好了，跟他在一起，我觉得自己是个恶人。

有一对夫妻，结婚三年了，丈夫总是忘记妻子的生日。这一天他又忘了妻子的生日，他回到家，发现妻子刚刚哭过，正在用纸巾擦着红红的眼睛。丈夫赶忙关切地询问，妻子却只说"我没事"，边说边擦着眼泪。在丈夫再三追问下，妻子终于承认，是因为他忘记了自己的生日而伤心。丈夫恍然大悟，连连道歉，但妻子却说没关系，不想因为自己破坏丈夫的安排。丈夫赶忙说换一天补偿她，妻子则以各种理由回绝了。而且这些理由看上去似乎都是妻子在当好人：她不想破坏他和朋友的聚会、她不想影响他工作等。

夫妻双方最可怕的就是，一个人当好人，但是是以让另一个人当坏人为前提。**夫妻关系重要的不是对错，而是爱与不爱。**

◆◇

五、如何正确交流

1. 许多争吵，都和童年阴影有关

约翰和玛莉同居一年了。玛莉每次把浴室弄乱都不收拾，而约翰喜欢整洁的环境，所以他很受不了玛莉这一点。他多次向玛莉提意见，但对方都没有改变。这一天玛莉又没收拾浴室，于是两个人之间的冲突爆发了。

这个例子里面，两个人都感觉对方忽视了自己。约翰觉得玛莉从来不听他的话，简直就是无视他的存在。这勾起了约翰不愉快的童年记忆。

小时候在家里，一家人吃晚餐聊天，约翰讲话总是被忽视。甚至有一次约翰得了重病，哭闹很久都没人理睬；直到最后，家人意识到严重性，将他送到医院抢救，才捡回一条命。

另一边呢？玛莉觉得约翰要求她规规矩矩，就像小时候，父母对她的严苛要求一样。

小时候父母要求玛莉玩过的玩具都要收好，如果没收好，就会被没收，而且一个月都不准玛莉再玩。父母要求玛莉做一个"隐形人"，用完的东西收拾好，不能留下混乱的痕迹。

在亲密关系中，人们需要体现自己的重要性和存在感。换句话说，"我很重要，你不能无视我"！

透过两个人的冲突，可以发现，他们生气的根源就是童年阴影的再现。

当我们逐渐开始意识到我们许多的愤怒都是和童年阴影有关时，把这个阴影告诉对方，才能得到最好的交流。要去学会面对自己的心理阴影。

你们想想看，自己上一次发飙，追根究底的原因是什么。原生家庭对许多人都有伤害，《狗十三》上映的时候，许多人在电影院哭成泪人。但是，在你决定开始一段新的感情时，请一定要弄明白自己什么情况下会受到伤害，告诉自己的另一半，然后让他更好地保护自己。

"我爱你"的前提是，有一个完整的"我"，你必须明白，什么才是完整的自己。

2. 交流的三个步骤

步骤一：找到对方让你很难接受的特质，去换位思考

从对方的角度考虑，为什么他会这么做。

这样做有个好处：把感性的状态理性化，矛盾自然就不会被激化。

步骤二：看看这些特质在自己身上是否同样存在

亲密关系中，对方让你受不了的特质，往往在自己身上也能找到。心理学把这种现象叫投射。

把自己不好的品质投射到别人身上，让别人成为坏人。这种事情在感情中十分常见。

步骤三：列举对方身上的优点

对于亲密关系中的人们而言，如果要他们拿出两张纸，一张列举对方的优点，另一张列缺点，大部分情况下，优点都会多于缺点。这个步骤，是在帮助我们重新寻找那个当初吸引自己的伴侣，而不是冲突中的阴影人物。

文字是具有攻击性、治愈性、温暖性、唤醒性的。当一个人听不进去别人的话时，写信就成了最好的沟通方式。试着写给身边的人那些你真心想说的话。跟长辈沟通，写信也是一招必杀技。

　　重复这三步,便是反省和正视内心真实的自己的过程,也是让自己和对方感情升华的方式。

如何与父母进行有效沟通

上一篇我们提到一个词,叫"原生家庭",是指生活于父母的家庭,儿女还未组成新生家庭时的家庭。

你只要在网站上搜索"原生家庭",各种惨痛的故事就会出现。那些惨痛的故事,给人的感觉只有一个,就是这群人是怎么当父母的?

但仔细分析,其实,很多父母与子女之间的争吵矛盾,都是可以通过沟通避免的。

事实上许多家长和孩子都不沟通,他们选择不说话,也就是情绪抽离。最后的结果就是现在有大量的家庭都有这么一个状态：消失的父亲、情绪崩溃的母亲和心理有问题的孩子。

所以好的家庭关系一定要去沟通，好的家庭一定是父母因为爱才在一起，孩子在父母双方的照料下成长，而不是就一个人默默地成长。把孩子交给电视、iPad长大，不如在与父母完满沟通下成长得幸福。所以对于父母来说，一定要跟孩子多交流，你一句我一句地对话。

有一本书叫《父母的语言》，作者和两位学者进行了一项长达三年的研究，研究证明，当孩子长到三岁时，来自脑力劳动者家庭的儿童，听到的词汇量比接受福利救济家庭的儿童听到的词汇量多出3200万，而这些词汇量，决定了孩子的未来。

家长的交流其实很重要，我经常问家长，你们对孩子的爱是有条件的吗？家长说，没有啊，怎么会？但许多家长表达出的可不是这样：你要再不听话，我就不要你了；你只要听话我就给你买这个……所以，父母与孩子之间的交流很重要。

关于家长应该怎么说话的问题，推荐那本达娜的书，《父母的语言》。

我们先看看两代人的矛盾点是什么。

各位有没有遇到过这样的情况：

你想学这个专业，父母告诉你，你学的这个专业可以当饭吃吗？

你的这份工作不稳定啊，考个公务员吧，或者去个大企业吧。

最可怕的矛盾其实只有一句话：这个男生，我不同意。

当然比这个更可怕的就是这么回复的：爸、妈，来不及了。

这些矛盾其实不仅存在于父母和孩子之间，家长自己也有矛盾，父母也有矛盾，最糟糕的是自己跟自己也有矛盾，比如那两句最矛盾的话：

你还是个孩子……

你已经长大了……

这种感觉就像你在学校看到一句话"以学校为家"，一犯错，学校就说："你拿学校当家呢？"

那为什么两代人会有这么大的矛盾呢？

举个例子，假设你是1990年前后出生的，你的父母应该差不多是"60后"或者"70后"，那个时候，大家都吃不饱，你的爷爷奶奶很可能在那个时候，生下了你的父亲和母亲。你们可以参考一本书——《一百个人的十年》，作者是著名作家冯骥才。用两个字可以形容那个年代：饥饿。

直到1977年恢复了高考，一部分人才逐渐明白，人是要吃饭的。

有机会可以看看莫言老师的小说,他的小说写的几乎都是那个年代,满满的一个字——"饿",他确实能把吃饺子写到淋漓尽致。而那个年代,正是我们父母的青春时期。

但是,我们的青春呢?我们经历的是这样一个世界:我们从不担心挨饿,我们只考虑该怎么减肥。我们的世界物质极大丰富,我们刚出生,中国加入了WTO,香港、澳门都回归了,北京申奥成功了,教育开始普及了。

《世界是平的》作者托马斯弗·里德曼不由得感叹:"英国掌握了19世纪的海上霸权,美国掌握了20世纪的经济,21世纪,我们要看中国的了。"

可物质极大丰富的我们,同样面临着问题,这个问题不是饥饿,不是温饱,而是,我们的情感开始缺失:**我们不知道爱情是什么,婚姻是什么,独处和独生子女的孤单感、寂寞感越来越重,对未来应该如何选择充满着迷茫,自己存在有什么意义。这些,都给我们带来了另一个更可怕的困扰:我们活得不幸福。**

不过你可以问你的父母关于幸福的问题:那个时候他们的物质是匮乏的,但他们很幸福,爬棵树,抓只小鸟,玩个泥巴,就很幸福。

写到这里大家是否意识到,我们这一代和父母那一代的底层逻辑有着多么巨大的差距：**他们在乎的是身体上的富足，我们在乎的是精神上的幸福。**

这就是父母经常说的那句话：这事儿能当饭吃吗？

两代人的沟通逻辑从底层是不一样的，而我们之所以争吵，是因为我们没有按照父母那一代的逻辑去跟他们沟通。

◆ ◇
一、按照父母的逻辑去沟通

我父亲特别喜欢的一位主持人叫窦文涛，后来我问了许多我父母那一代的人，他们都认识这个主持人，而且很多人都喜欢他。但很有趣的是，你去问"90后"或者"95后"这一代，认识他的人却很少，或者说，几乎没有。

所以大家是否发现，大众明星在两代人的认知中都是断层的。那么，你应该怎么跟父母介绍一个特别红的年轻主持人？

对，你可以说，这就是你们那一代的窦文涛。

但前提是你必须了解他们那代人的大众明星，这个就可以成为你们交流的话题了。请记住，大众明星永远可以是交流的入口，同样具备这种魅力的话题还有星座。

我姐姐特别喜欢鹿晗，当然是在他还没公布恋情的时候，我父母也不认识他，那天我就介绍了一段话：爸妈，这就是我们这个年代的费翔。

费翔当年的火爆就是父母那一代人的青春。

同理，你怎么跟"70后"介绍TFboys，很简单，这就是你们那个年代的小虎队。

先勾起他们的兴趣，接下来再介绍细节有哪些不同。

所以，这就是告诉大家，学习总是没错的。如果你的父母不愿意了解你这一代的价值观，你不妨去了解他们那一代的价值观。交流是相互的，不是非要你的父母主动跟你交流。

这是跟大家分享的第一招：用父母的逻辑去和父母沟通。

比如下次你父亲再问，你为什么要选这个专业？

你可以说：爸，这个专业学好了以后能赚好多钱，能当饭吃啊；爸，你不是曾经说过我开心就好吗？我喜欢这个专业啊，选择这个专业可以让我开心啊！

这招叫作用他的话来化解他的攻击。

比如你妈妈问你，你为什么要跟他恋爱啊？

妈，你希望我幸福吗？你妈肯定会说，当然了。因为你妈妈不会说你不能幸福。

那你继续按照她的逻辑说,跟他在一起我会幸福的。

不过你看出来没,说这句话的背后有一个背景前提,是我能为我的行为负责。

◆◇

二、告诉父母,你长大了

大家能否明白这么几句话:

"你不能这样做。"

这句话的意思其实是:你这样做,代价太大,你承担不了,到时候得由老子来承担。

"你还是个孩子。"

你还未成年呢,现在犯的错,都得由我来承担。

"你又乱花钱。"

这钱都是老子赚的,你就知道花,要花你花自己的钱去。

当人受到限制,多数时候是因为人还没有办法自己为自己负责。所以请大家一定要记住这句话:**越自律,才越自由**。因为自由代表着责任，代表着你可以为自己负责，所以你自然需要自律。你自律控制了身材，找男朋友的自由度就大了；你自律通过了各种考试，找工作的自由度就大了。

那些没有办法为自己行为负责的人，往往是没有自由的。这点你看看监狱就知道，那些违法的人，往往都是无法为自己行为负责的人，所以没有自律，自由也没了。

所以，**回到家庭关系，一个自由的个体，一定要基于能为自己的行为负责的基础。**

我讲个故事：

曾经有一位学生，男孩，工作已经三年了，各方面都挺好，人长得也很帅，就是没有女朋友。为什么呢？因为他每次带女朋友回家，女朋友都受不了他妈妈跟他睡一个房间，有时候还睡一张床。如果女朋友提出，能否单独和他独处，妈妈第二天就跟自己儿子大吼大叫或者生闷气。

这是典型的妈宝男，我查阅了很多资料，发现"妈宝男"这个词国外是没有翻译的，这是我们的特色产物。

后来我了解到，这个男孩子的父母早年离异，妈妈一个人把他拉扯大，确实不容易。这个男孩子问我怎么办，我说，很简单，你接下来无论做任何事情，都要以这个为核心：**跟你的**

妈妈暗示或者明示，我已经长大了，放手吧。

于是他跟他妈妈沟通，多次深聊后才知道，他妈妈心里一直有一个结：没有我，这个孩子活不下去。

后来他跟妈妈协商，自己租了个房子，住了好几天，过得很好，每周回去一次，妈妈刚开始不舒服，天天打电话。逐渐，妈妈也习惯了，有了自己的生活，还开始了黄昏恋。这样他和妈妈都放手了。

我经常和很多朋友沟通一个话题，叫管理自己的亲密度。

亲密度是需要管理的。不管理彼此的界限就会模糊。父母也是孩子，你一定要时刻用自己学到的东西和他们交流，彼此设定界限，具备一定的边界意识，帮助他们适应你的生活状态。同时，你也可以更好地适应他们的生活状态。

比如，要严肃地跟他们说：不要看你的日记；不要干涉你找另一半；你工作时不可能时时刻刻接他们电话。但是你会告诉他们你是怎么想的；你会跟他们汇报你喜欢什么样的姑娘；你会第一时间回复他们的电话。

这就是边界后面的爱，这就是自由背后的自律。

三、经济独立，是所有自由的基础

接下来我们聊聊，所谓"自由的基础"是什么。

简单来说，所有自由的基础，都是经济自由。

有了经济自由，才能有身体的自由，也就是你能选择自己住在哪里，生活在何处；有了身体的自由，才能有最终的灵魂自由。

但现在你看许多人都搞反了，他们花着父母的钱，自己经济都没自由，却去追求身体自由，浪迹天涯；他们没有工作，却一副"佛系"的态度，去追求灵魂自由，什么都不在乎。什么都不在乎的背后其实是一种对自我追求的迷茫。

我知道很多年轻人可能很快就要毕业了，或者即将就业了，对于刚毕业的同学，我的建议有三点：

第一，**如果迷茫，一定要先赚钱**。建议你毕业后，离开你的城市或者家乡，去大城市。别觉得赚钱没用，赚钱是年轻时最重要的事情，但要赚正经的钱。那为什么一定要建议你年轻的时候去大城市呢？

大城市能让你变得更好的概率更大。大城市有更多的资源，更有能力的同伴，更好的环境，这些配得上更好的你。当然，如果你受不了大城市的快节奏，随时回去也来得及，毕竟你还年轻。

第二，**用友情、爱情代替亲情**。人的这三种感情要学会平衡，尤其是当你长大了后，要适当地离开亲情。人越长大，越应该多留一些空间给友情和爱情，亲情的比例应该适当调整，否则，人总想守在父母的身旁，就无法长大。

心理学有一个时期被称为俄狄浦斯期，俄狄浦斯就是希腊神话里那个杀父恋母的人，人在成熟到一定时期后，应该完成心理上的与母亲断绝、与父亲隔离的成长，成为独立的自我。

第三，**先尽忠再尽孝**。所谓"尽忠"，就是先去打拼，做好工作，再回到父母身边（或者把父母接过来），这样的代价是最小的。因为父母现在的身体一定是最年轻、最好的，也最能忍受得了你的折腾；而你现在的精神和身体也是最好的，也最能受得了自己折腾。

所以，抓紧折腾。

别觉得离开父母是一件不孝顺的事情，你天天待在父母身边惹他们生气才叫不孝顺。

《论语》里有一句话，"父母在，不远游"，但其实后面还有一句话，"游必有方"。什么意思呢？就是如果出远门，告知父母自己去的地方就好。不是说不让你远游，而是不要让他们担心。

大家是否发现，当你考上一所好学校，找到一份好工作后，父母跟左邻右舍炫耀的那种自豪感，是不是特别令你开心？我刚离开家时哭得像个鬼一样，觉得特别对不起父母，后来我父亲给我说，赶紧好好干吧，干好了再回来。

再比如你在外面读书，偶尔回一次家，父母对你的那种热情度，和你长期在家不出门那种对比，是不是天壤之别？

你第一天回家，父母肯定会说："来，亲一口，吃什么，妈妈给做；喝什么，爸爸给端。"

第二天就只剩一点微笑了。第三天，"你怎么还在睡觉？碗洗了吗？懒死你算了"；第四天，"赶紧滚蛋"；第五天就恨不得要说："滚滚滚！"

适当地离开家，想念其实是更好的爱。

四、不要用语言对抗，用行动沟通

先分享一个故事，我有个哥们儿，追女孩子总是失败，后来我就问了他追女孩子的细节：

晚上，姑娘跟他吃完饭去了个小酒吧，他喝了两杯，有点晕，说，你能当我女朋友吗？姑娘脸红地低下了头，说，我再考虑考虑。他万念俱灰，走了。

他给我讲完了这个故事，我第一反应是，大哥，你疯了吗？他说，那我应该怎么做，人家拒绝我了啊！我说，人家语言上拒绝你了，但行为上是答应你的！每一个行动都在说同意，不过是嘴巴说不好而已。

后来我才知道，他每次追姑娘，都发微信，人家只要说再考虑考虑，他就觉得这事儿黄了。他问我，那你说怎么办？我说，正确的做法是走过去，然后握住她的手，什么也别说。爱是说出来的吗？不是，行动出来的。那天我明白了一个道理，许多时候，我们特别喜欢去争一些口舌输赢，其实所有的真理都在行动中。**你要观察的不是别人怎么说，而是学习别人怎么做。**

所以，我们看似和父母的矛盾都得通过吵架解决，其实不是，用行动解决更好。

关于和父母沟通的问题，我有三条建议跟大家分享：

第一，不要用语言对抗，要用行动沟通。

比如你妈妈不让你找这个姑娘当女朋友，你说，好的，妈妈。接着你该相处就相处呗，总有一天，你妈妈慢慢接受就好了。

再比如你爸爸不让你考研，你说，好的，爸爸，我不考了。你在外地，你父母也控制不了你，将在外，君命有所不受，你干就好了啊，考上了自然就好了。

我的建议是，和父母要多沟通，少吵架。

第二，孝顺的重点不在孝，而在顺。

顺着父母来，比什么都重要。这里的顺，主要是语言方面的顺。就是顺着长辈的意思来，但你该干吗干吗。

和父母千万不要讲理，要讲情。家是讲情的地方，不是讲理的地方，这个世界讲理的地方太多了，讲情的地方却只有一个，所以留作一方净土吧。

第三，有时候该憋着就憋着，因为你不憋着，就会用自己的青春为别人的梦想埋单。

《拆掉思维里的墙》的作者，我的好朋友古典老师讲过一个双赢双输的原则。

假设一开始你按照父母的意愿过一生，父母爽了，你不爽。但接下来，你需要按照这个意愿生活一辈子，这个逻辑就乱了：因为你一直按照父母的意思活，你越来越不爽，你的不爽会转移到你的父母，你越来越不开心，你不开心，父母其实也不会开心，于是你父母也开始不爽了。这就是双输原则，你和父母都开始不爽了。

但如果你爽呢？请看如下这张表：

	我爽	父母不爽
我爽—父母不爽	我喜欢自己喜欢的事情，并开始行动	父母生气、绝望甚至打算放弃我
我爽—父母观望	我有点内疚，但还是坚持做自己喜欢的事情，慢慢小有所成	父母很绝望，觉得孩子大了，自己有想法了，不听话了。父母开始怀疑自己的判断，但是依然不确定我现在的选择是否正确
我很爽—父母爽	我觉得自己生活很幸福	父母放弃坚持，觉得孩子的选择也不错

所以，追求自己的梦想，永远比帮别人完成梦想要幸福得多。

电影《三傻大闹宝莱坞》里有个人叫法涵，父母让他学的是工程师，但他自己喜欢摄影，他在学校里永远不开心，也不可能学得好，学不好就更加不开心，接下来就这样恶性循环。

这个故事是根据一部小说《五点人》改编的，为什么叫"五点人"呢？因为印度的学分满分是 10 分，五点人就是考试总是考五点几分、不及格的那批学生。说的其实就是法涵这种学生，但大家记得法涵最后去学摄影后的表情吗？还记得父母同意他学摄影时他的眼泪吗？

他们先是哭，后来一直是笑，直到最后，法涵拍照出了名、赚了钱，父母很高兴，他也很幸福，这就是双赢原则的运用。

这个故事很美，直到今天，我都认为《三傻大闹宝莱坞》是我青春岁月里看的最美的电影之一。只可惜这样的故事，却很少发生在我们的生活中。

如果可以的话，希望大家回到家，陪父母一起看看这部电影。

◆ ◇

五、去影响父母，和他们共同成长

我是一个很爱看电影的人，我也有个习惯，每次都会把感动我的电影推荐给我的父母看。一开始我喜欢的，他们都不喜欢；现在我喜欢的，他们还是都不喜欢。但在这个过程里，他们能明白，我喜欢什么类型的电影了，以及明白，我喜欢的点在哪儿了，他们也会给我推荐一些他们喜欢的电影。

各位发现了吗，**原来世界的知识流向是从上一辈到下一辈。现在互联网的出现，让信息平等了，你也可能会把你的知识流向长辈。**

你可以想想，你的父母有没有总是给你转发过这些东西：

《只用吃这种药，能治好所有的疑难杂症》

《科学证明了，这种药有奇效》

《绿豆治百病》

《食盐可以治疗癌症》

《您已经中了500万，请立刻来领奖》

每次遇到这样的文章，你都嗤之以鼻，而你的父母却深信不疑，你是不是特别想大喊：

骗子，放开我父母，冲着我来！

你觉得你是理性的、聪明的、中立的、冷静的，但接下来，你看到了这样的文章：

《只用这三招，立刻致富》

《从月薪五千到年薪百万，你只需要知道以下几点》

《她从零开始，三个月，让公司上市》

你是不是也迫不及待地打开了,或者半信半疑了呢?

所以,不是谁比谁更聪明、更理性、更冷静,而是这个时代,**每一代人,都有自己的信息盲区**。

这是个信息平等的世界,**你需要向父母请教生活经验,父母需要向你询问互联网思维**。

最后,我跟大家分享四点建议:

1. 要多把你看到的、听到的,分享给父母

最近看到的好电影,听到的有趣的新闻,思考的新观点,多打电话、发微信分享给自己的父母。做到信息对称,同时也多问问父母,最近有没有看到什么好玩儿的消息,督促他们也要终身学习。

2. 要多问父母一些问题,哪怕你已经有了答案

之前我回到家待了几天,然后要回北京,父亲非要送我去火车站,我说不用,我打车就好,现在约车软件这么方便。我父亲说,约车软件多不安全。我以为他路上有什么话跟我说,就同意了让他送我。

我们在路上一句话都没说,我才忽然意识到,他其实就是

想证明，虽然儿子已经很成功了，但他依旧在自己儿子生命中是有用的。我也忽然明白，父亲在表达一个状态：他虽然在变老，但他不服老，他还是对孩子有用的。

想起我刚开始写作的时候，父亲总是给我提建议，说你这里写得不好，那里观点不成熟，再后来，我写的故事他只能给我挑错别字了，再再后来，他成了我的读者，第一时间把我的文章转发给他的朋友看。

直到今天，我写完文章还是发给他看，说："爸，我写得怎么样？"他永远是很吝啬自己的夸奖，说："给你提几个建议啊！"我说："好，下次一定改。"

虽然我也不改，但下次依旧是发了文章之后给他看，然后问他，你有什么建议吗？

3. 千万不要不耐烦

有一天一位年老的父亲跟孩子说："孩子，这个是什么？"孩了说："这个是iPad。"过了五分钟，父亲又问："这个是什么？"孩子说："这是iPad。"又过了三分钟，父亲又问："这是什么？"孩子有些生气，说："都告诉你三次了，这是iPad，你烦不烦。"刚说到这里，父亲眼睛红了，他说："小的时候，你问我，这是什么，我说，这是苹果，几分钟后你又问我，这是什么，我说，这是苹果，你一共问了我 8 次，我回答了 8 次。"

说到这里，孩子泪流满面。

不要烦自己的父母，更别啬嗇自己的重复沟通，因为他们当年就是这么对待你的。

4. 沟通才能减少误会

我写过一篇文章叫《吵架不是一件坏事》。其实对于夫妻、家人、朋友，吵架都不是坏事，坏事是两个人连话都不说了，沉默才是最可怕的吵架。吵架完了别忘了复盘，别忘了安静下来问问彼此：下次，什么话不能再说了啊；下次，什么事情不能再做了啊。

苏格拉底说，不经反思的生活，不值得一过。每次争吵，都是对两者感情的反思，都是为了彼此能有更好的关系。

最后，祝大家都能和父母和睦相处，和父母共同进步，这样才是最好的方法。

在职场如何跟领导和同事沟通

这篇文字我们聊聊如何跟领导、同事沟通的话题。

除非你以后从事的是自由职业,只需要独处就可以,否则,你肯定需要在职场中跟别人沟通。

我们之前讲过,沟通的第一法则:让别人舒服。

那有时候别人不让你舒服怎么办呢?

或者你舒服了,工作砸了怎么办?

所以,我们来聊聊这个话题,应该如何跟领导、同事沟通,才能在职场不吃亏。

◆ ◇

一、和同事的交流

同事和同学、朋友不一样,关于同事,我们先定一个基调:大多数的同事,都是最熟悉的陌生人。

校园生活的关系是两个字:简单。总体上是需要你自己一个人度过大量的孤单时光,接触的室友、同学也相对单纯,就算有时候会遇到乌烟瘴气的状态,但大多数情况下还都不算太坏。总之,在学校里的关系很单纯。

而进入职场就不一样了,同事之间的关系相对就没那么单纯,甚至稍显冷漠。对于同事来说,你们在工作外的时间可能毫无交流。但是,没有感情不代表不需要交流,工作就是一堆人的事,**你必须学会沟通,学会协调,学会计划,学会合作。**也就是说,原来你是孙悟空,喜欢单枪匹马,现在你必须学会跟着唐僧,带领着猪八戒、沙和尚团队作战。首先,配合和合作是你必须学会的技能,在团队里,你在什么位置,该给谁助攻,什么时候主动攻击,都是要你慢慢领悟的必备技能。

先分享一个原则:同事就是同事,原则上不要跟同事成为朋友,更别把什么私生活都跟同事说。

甚至还有人想在职场上收获爱情，我劝告你们，要找另一半请去公司以外社交。

许多公司其实都是反对办公室恋情的，就算不反对，也不会支持。假设你们谈成了，结婚了，夫妻双方一起在公司的一些工作上搞小动作，万一双方还在不同部门，这工作怎么推进？领导和同事会怎么想？

一个朋友给我讲过一个故事，他们公司有个男艺人，女朋友负责资源调度，后来老板知道他们恋爱了，第一件事就是把女的炒了，要不然其他艺人怎么活？资源全部都给自己人了。

反过来想，如果两个人没谈好，分了，这就更难受了。你每天上班都要看到前任，还在每天早上公司的大门口，是什么感觉，是不是特别痛苦？

在学校里，你可以逃课，还可以选择不见人家。在职场里你能吗？

所以，请切记：职业的职场人从来不会想着在职场里收获爱情，因为职场是凶险的，是复杂的，更是弱肉强食的成人游戏。当一个人陷入多重身份的时候，是会充满着内心矛盾和冲突的，这样对自己和对公司都不好。

职业的职场人心里只有一个声音：我的工作是不是能做好？

除此之外，他们不会想两性关系。

所以我们定了个基调：不要跟同事谈恋爱。

但要记住：**不跟同事交朋友不代表没有交情，你们的工作就是交情，不交朋友更不等于不社交，不推心置腹不等于不推杯换盏。**

一方面因为同事和你相处的社交网比较复杂，一方面有上下级，还一方面有平行关系，并且有不少的利益纠缠，所以你经常会发现你给同事讲了什么话，第二天就传播到别人那里了。

我记得原来有个公司的编辑在微信上跟我吐槽另一个编辑，我就回答了两个字：是吗。他说，当然了。接着又说了好多。

我就回了一句话：那人这么坏？

几天之后，只有我发的"那人这么坏"传到了那个编辑那里，差点把我搞崩溃。好在最后我晒了全文。所以今天我除了很信任的朋友，谈工作的时候永远深思熟虑再发微信文字，做好每次留言都会被截屏的准备，这是对自己的保护。

接下来，推荐几个和同事交流的原则：

第一，有限暴露。不要什么都说，你可以交换的是你的人生观、价值观、世界观。除此之外，不要交换其他的个人信息。

我原来的一位同事就是那种滔滔不绝的人，一进办公室就什么都讲，后来仔细一听，其实他讲的都是昨天新闻里的内容。这些内容，第一没有他的评价，第二和他个人隐私一点关系都没有，但却能给人一种他很健谈的感觉。他辞职后我才意识到，我对这位同事没有任何了解，只留下了他很健谈的印象。

这位同事真是个高手，看似每天讲了很多话，其实关于他个人的信息什么也没说，聊的都是世界观、人生观，反而给人留下了性格开朗的印象。相反，你们去看那些总是在背后评头论足的人，是十分恐怖的，那才是真正的一句顶一万句。各位一定要离这样的人远一些，因为他们能背后评头论足，也能伤害到你。同理，那些特别喜欢把别人聊天记录截屏发给你的同事，也可能截屏你的聊天记录，要远离这些人。

第二，聊些无关紧要的话题。不要八卦别人的感情，不要谈论谁和谁的关系，更不要背后说别人坏话。要相信，用火烧别人的人，注定会烧到自己。

在职场上，一旦一个人被定义成"长舌"，他肯定不会受人尊重。

那跟同事一般聊些什么呢？推荐一个表格：

大城市通用话题	房价、交通、雾霾
北方城市通用话题	暖气、降温、新闻
南方城市通用话题	高温、梅雨季节
男孩子通用话题	昨天发生的新闻
女孩子通用话题	星座
中年男女性通用话题	财富、公益慈善、育儿、教育、择校、置业、安全、移民
青年男女通用话题	梦想、明星、深造、相亲和择偶、电影和电视剧
外来人口通用话题	家、父母和远方

这个一定要学会多加训练，真正的沟通高手，就能熟练运用话题，比如你看那些职场老手，他们一般开口都是问你是哪里人？你一说你是哪儿的人，他马上就会接，那里的环境如何，自己去过哪儿，立刻拉近了你和他的距离。

这些人总能滔滔不绝，却从来不说涉及隐私的话题，大家都挺喜欢他们，因为他们知道应该如何社交。

当然也分享两招接话的万能语，这两句话是我跟宋方金老师学的，大家可以记一下：

瞧您说的。

可不是嘛！

这两句话可以用在所有对话中，不信你可以试试。

比如:"成都特别好,据说成都的女孩子都漂亮。"

"瞧您说的。"

再比如:"昨天我看了那部电视剧,真的很烂。"

"可不是嘛。"

在职场,除了记住这两句,还有一句话要记住:"三天学说话,一生学闭嘴",言多必失,少说话,多做事,比什么都重要。

群居学闭嘴,独处学坚强。

也总有同学问我,你和尹延、石雷鹏不就是好朋友吗?你们还是同事呢。

我刚好也可以分享一下,我们是辞职之后,才成为了好朋友。

当年我们三个在老东家上班基本上是没有交集的,尤其是我和尹延老师,见面就是寒暄两句,有一次我手机丢了,跟他说,我手机丢了。他就很简单的一句话:我借你电话打一下?

尹延老师很不喜欢跟同事交流工作之外的事情,尤其是一群同事在八卦谁是×××的时候,他会站起来就走。

石雷鹏老师就"呵呵呵"地笑,别人让他发表意见,他说,我不熟悉啊。

后来我们辞了职，没有了利益关系，坐在一起喝酒的时候，才成为好朋友。现在一起创业的前提也是彼此都了解对方。

直到今天，准确来说，我们也不算是同事，因为我们有个最基本的现实：没有利益关系。

《中国合伙人》里有句台词，说："不要和最好的兄弟一起开公司。"

其实我觉得并不是这样，应该和好朋友一起开，但利益关系要分清楚，这样的友情反而更有力。

◆ ◇

二、和领导交流

说完和同事的关系，接下来我们聊聊如何和领导沟通。

任何一个企业，都有领导，原来一听到"领导"这个词，马上联想到的是溜须拍马、阿谀奉承这样的话。但现在的领导和同事之间似乎没有把等级分得那么明显了。尤其是"90后"的员工，大家比较认同的是一句话："站着把钱赚了"，许多创业公司里，领导也没有自己的办公室，都是和员工一起办公。

虽然如此，和领导沟通的困扰，在每个人的身上依然存在。

前些日子有个同学问我，龙哥，平时我到底应不应该和领导套近乎。我说，你的想法呢？他说，我觉得应该，跟领导搞好关系嘛，但理性告诉我，不应该。

我说，理性为什么觉得不应该？他说，因为我总觉得不对，我应该凭借自己的能力升职加薪。

那天我跟他讲了一个道理：假设，你是领导，你有两个属下，A 的能力和 B 的能力不相上下，同时今年只有一个晋升名额，你会选择谁？

他说，选择跟我关系好的。

明白了吧。跟领导把关系搞好，也是一种能力。

何况，在职场，两个人的能力真的可能不相上下吗？能力真的可以通过什么指标衡量吗？就算两个人能力一样，作为领导能抛弃掉自己的情感吗？

所以，有以下几个建议跟大家分享：

1. 我们要和领导搞好关系

但注意几点：不要送钱，不要送卡，更不要送贵重的礼物。比如送点家乡的土特产，表你心意的东西就好。逢年过节打个电话，发个短信也好。

逢年过节出现一下让领导知道你的存在，自己的业绩没有问题、自己的能力可以为公司添砖加瓦的情况下，表现一下。接下来，你可以思考一下还能为公司贡献什么。这是职场里和领导关系正确的组合拳。**这个沟通原则也可以用在很多新朋友那里：逢年过节出现一下，需要的时候表现一下，重要的场合贡献一下。**

做到这三点就会让人记住你是谁。

2. 一定要主动汇报工作

领导交给你的工作，切记：当你做完，立刻主动汇报，发个邮件或者微信说明情况。另外，做完之前，你最好思考一下，是主动做好了，还是被动做完了。

比如我经常举的一个例子，领导让你打印一份文件，正确的做法不是打印完文件就完事，你最好用个订书机订下来。订完了呢？最好用个文件夹夹住。夹完了呢？还要拿个便签标明这上面写的什么。这才叫把工作做到极致，这才叫主动工作，而不是被动完成。再比如寄快递，寄完就完了？不是，要把单号发给领导。这就是主动汇报工作。

在职场最害怕的一种人就是做的每件事都没有回应,这样的人很难被用到重要岗位上。比如前些日子我帮别人写一个故事,故事很复杂,讲的是一个男孩子的成长,中间包含着大量的边境题材的细节,需要闭关创作,于是我就去找合适的编剧了。我让我的助理在某个地方租个房子,跟他说预算多少,三天后给我答复。

三天后,助理完全没有给我反馈的信息。到了第四天,我问他,什么情况?他说,龙哥,这个预算在附近根本租不到房子,所以没跟你说。你看这就很要命,第一天就应该跟我说这个预算不够然后调整预算,但这个麻烦在于把两位编剧的创作进度也打乱了。所以,主动工作是各位在职场一定要学会的事。

3. 领导让你喝酒怎么办

在酒场大家往往喝两杯才能尽兴,喝酒是一种文化,但我问你,假设你真喝不了,比如你酒精过敏怎么办?

有人说,就从此不参加领导的局了呗。

大家要知道,领导没有工作和休息,领导的局里,充满着信息,这个年代,信息就是金钱,领导肯带你去赴约,说明对你是完全信任的,那你不喝酒是不是就别去了?

千万别傻。接下来分享大招：不喝酒你可以开车送领导，可以负责给领导叫车，大家要知道，送领导回家是一件极度有价值的工作，因为领导的安全在你手中。

这件事能增加许多信任感，能了解领导更多信息。

4. 称呼

说到称呼。

职场的称呼十分重要。问大家个问题，如果你的领导今年50岁，比你大30岁，你应该叫他的夫人什么：A 阿姨，B 姐，C 老板娘，D 嫂子。

我估计大多数孩子会选择 B，觉得叫姐年轻啊，但正确答案是 D，首先千万不要叫 A 阿姨，因为这显得你极度不专业。C 老板娘是江湖上的叫法，显得轻浮。姐为什么不对？是因为你和老板娘没有直接的关系，你是因为老板才和老板娘有了关系，就好比，你有个亲姐姐，她结婚后，你肯定要叫她老公"姐夫"，不能叫她老公"哥"。所以答案是嫂子。

另外，比自己年纪大的，要叫哥和姐。如果实在是太大了，比如比你父亲年纪还大，就要叫老师，别叫叔叔、阿姨，太不专业。

别觉得叫老师自己吃亏了,三人行必有我师,谦虚点总没错。

5. 你比领导能力强怎么办

人家是你领导,就是领导,领导的能力不一定是最强的,但领导力一定是最强的。就好比《西游记》里,唐僧的能力是最弱的,为什么他是领导?是因为他懂得用人。其实一个大公司的领导一定要做好两件事:管人、管钱。你比领导能力强很正常,别觉得领导不行,想想,如果孙悟空当领导,下面肯定全是马屁精猪八戒,自己累死,公司全部垮了。我们都会有一天成为领导,领导就是承担项目的人和公司的责任人,所以,领导比你某方面能力弱没什么了不起,千万不要恃才傲物,会毁掉自己。

6. 如何跟领导交心

正式谈话一般是领导先约你的时间,因为领导的时间比你的时间值钱。非正式谈话,比如你想聊聊你的家庭、和同事的私怨、生活困惑,原则上在下班后。但你如果确实想主动约领导进行正式谈话,聊的内容比如跟升职加薪有关,请一定记住,用邮件预约,不是微信预约,更不是直接就去,邮件预约,邮件预约！重要的事情说三遍。在职场，邮件代表一种正式的交流，微信和 QQ 都只是非正式沟通而已。

7. 和领导相处紧张怎么办

我们和自己直属领导相处往往是不紧张的，大家往往害怕的是比自己大好几级的领导。第一，他不熟悉你的工作状况；第二，差太多级别，心里怕。

我的建议是：第一，维护好与你直属领导的关系。因为规范的公司很少见过越级提拔，或者越级开除，都是各个直属领导下达意见，如果实在不会搞关系，搞好跟自己直属领导的关系就好。

第二，做好本职工作，无论谁在你身边，谁跟你近，你都要求对方明确目标和范围。做好本职工作，其他的跟你无关。

第三，一定程度的紧张感是有必要的，必要的紧张能凸显出你的重视，这个没问题。

8. 和领导打麻将、打球、玩游戏时应该注意什么

接下来聊个好玩儿的。

首先我的建议是别跟领导玩这些虚的，但如果你一定要玩

儿，就需要极高的智慧了，你要是上去就来个十三么把领导赢得面子挂不住，或者打球连续盖领导几个帽，恭喜你，干得漂亮，请准备找下份工作吧。

我的建议只有一条，无论怎么做：聊天第一，友谊第二，运动第三。

希望你能记住这些干货。

做任何事情的时候，都别忘本。

最后请大家记住，领导最贵的是，时间；最怕的是，麻烦；最不缺的是，礼物。

所以，我们做事的核心应该是这样：帮领导省时间，做事不留麻烦，把自己当成最好的礼物。

朋友之间相处要懂得分寸感

咱们先聊聊什么是朋友。

请看下面,这两类"朋友",是不是一种"朋友"。

A:他跟我是朋友,从小到大,一起上小学,一起上中学,一起上大学。

B:人在江湖飘,靠的就是朋友。

答案:A是真正意义上的朋友。B是这些人我认识。

因为我们经常喜欢模糊用词,或者提高词语本来的意思,所以造成语意的误解。比如我们喜欢把副局长叫局长,副总叫总;还比如我们最喜欢说的"都可以"。所以,这些只能算认识的人,在江湖上也被称为"朋友"。但我们必须先弄清楚，这两种"朋友"并不是一种朋友。

这个概念很重要，**我们这一生都应该学会从相同词语里，区分不同的概念。**

◆◇
一、什么才是真正的朋友

到底什么是真正的朋友呢？

真正的朋友不仅仅是可以一起享福，吃喝玩乐，还是能和你共患难、愿意陪你走出低谷的那些人。真正的朋友可以没钱、没地位、没背景，但一定要善良、真诚、厚道。这也反映出你的为人。因为你的朋友是什么样的人，大概就能看出你是个什么样的人。

有一个很著名的定理叫"密友五次元"，是美国著名的商业哲学家吉米·罗恩提出的，说的是与你亲密交往的五个朋友，你的财富和声望是他们五个人这两项指标的平均值。你的很多特质都受到这些事情的影响。所以，选择自己的朋友是很重要的。

朋友不是等来的，是选择来的。所有等来的朋友，最后都散了；但选择来的朋友却不一样，他们永远在。

前些时间我跟一个很久没见的朋友见了一面，一开始我以为会很尴尬，毕竟一年多没见了。没想到我们滔滔不绝地聊了好几个小时，仿佛昨天刚见过一样。时间并没有让我们疏远，反而更亲近了，这就是好朋友，不会随着时间推移而改变。

给大家一个真心朋友的定义：**在你失落的时候，陪在你身边；在你得意的时候，提醒你保有平常心。就算许久不联系，见面也不会觉得尴尬，这就是朋友。**

◆ ◇

二、朋友间的相处法则

1. 再好的朋友，也经不起你过分的直白

不知道各位是否遇到过这样的人，他随便说了一些话，结果却让别人特别不舒服，比如，你真的好胖啊；你这件衣服穿得真的很难看啊；你学习成绩真的很糟糕啊，然后加上一句：

我这个人说话直，你别在意。

每次遇到这样的人，我都想一巴掌扇过去，然后说，我这个人手贱，你别在意。

大家要知道，直白不等于低情商。再好的朋友，也经不起你的过分直白。伤害了别人的直白，就是自私。

分享一个干货：可以先说优点。然后说，有一个不足的地方是什么。最后再加一句：但总体特别好。这种方法叫"奥利奥建议法"。朋友之间不仅要讲理，还要讲情，如果不是原则性问题，不要总是一副教育别人的样子。

出一道思考题：一位同学被老师批评了，很生气，跟你吐槽，你这个时候应该怎么说？

跟同学分析老师为什么批评他，并告诉他，他这样不对。

跟朋友一起吐槽老师，顺便聊聊以后该怎么办。

正确答案是第二个。

第二种沟通方式跟第一种最后的效果是一样的，但为什么第二种更容易被朋友接受呢？因为第二种叫沟通的艺术，第一种叫过于直白。

2. 不要找朋友借钱，除非逼不得已

如果有人找你借钱，请一定要小心，因为这是非常可怕的信号。第一，人家确实可能遇到了麻烦；第二，借给了人家不还你，交情就没了；第三，不借，你们可能连朋友都做不了。

所以，我的建议是，如果不是万不得已，不要找朋友借钱，除非你想失去这个朋友。但如果别人非要借你的钱，我的建议是：

第一，要打借条。

第二，做好要不回来的准备。

第三，要找中间人。

多说一句，如果对方确实没法还钱，比如遇到投资崩盘、家庭变故、大病大灾这样的情况，你就算找中间人也没啥用。另外，我还有一条建议，不要做中间人，不要做任何担保，这些都是对你信用的威胁。

当遇到有人找我借钱的时候，我会思考两个问题：第一，这个人跟我关系怎么样？第二，这个人能不能还得起？

如果答案是关系不错，还得起，我就会借。如果这两点有任何一点不符合，就别借。不联系了就不联系了，没关系。

如果一个人跟你本来就不太熟，他还找你借钱，你拒绝了他，对你没有任何损失。因为他早就做好了跟你绝交的准备，你先拒绝，对你没有任何损失。

我原来在新东方当老师的时候，有一个学生不知道是从哪里找到了我的电话号码，给我打电话说："您是尚龙老师吗？可以借我一万块钱吗？我是您的学生。"

我问："为什么找我呢？"

她说："他们说你们新东方老师都挺有钱的，所以我想找你借点。"

我怕她出了什么事儿，接着问："你遇到什么困难了吗？"

她说："这个不能告诉你，你先借我好吗？"

我拒绝了她。挂了电话，心想，我失去了一个朋友啊，但一想，对方就没把你当朋友啊。对方只是产生了错觉，觉得你很有钱。

我很少找朋友借钱，只借过一次钱，还是刚开始创业的时候，确实遇到了麻烦。那时是尹延老师借了我一万块钱，当然后来我也还了，这样的来往反而加深了我们彼此的感情。

所以，当一个人愿意借钱给你，请你一定要珍惜。

这几种朋友都应该一辈子珍惜：

肯借你钱的人，因为每个人的钱都是血汗钱。

白给你东西的人，不是因为他东西多，而是因为他在乎你。

合作让利的人，不是因为他笨，而是因为他懂得分享。

合作时愿意多干活的人，不是因为他傻，而是他知道他多干，你就能少干。

喜欢埋单的人，不是因为他钱多，而是他知道友情比钱重要。

愿意帮助你的人，不是他欠你什么，而是他把你当真正的朋友。

3. 不要绕开朋友去求朋友的朋友

这个我们之前提过，比如你和 A 是好朋友，你通过 A 认识了 B，你想求 B 帮个忙，这个时候，正确的步骤应该是这样：你给 A 打个电话，说你要求 B 帮个忙，不知道合适不合适。最忌讳的就是直接找 B 帮忙，跨过 A。

如果成功了，A 会十分不舒服。

如果没成功，A 和 B，还有你都会不舒服。

而且你通过 A 去求 B，成功的概率大一些，A 会变成你的一个中间人，成为你的一个背书，而且 A 与 B 的关系肯定比你跟 B 要好，比你直接找 B 要靠谱得多。

4. 学会换位思考

好的朋友之间一定要学会换位思考。英文中的换位思考意思是把你放在别人的鞋子里，特别形象。

我原来有个学生，家里条件不错，他跟我说，他的一个朋友到今天已经不跟他一起吃饭了。他特别不能理解，为什么每次都是他请客，他的朋友还不愿跟他一起吃饭呢？

我跟他说，你有没有想过，站在他的角度，这个故事是什么样的呢？

他会觉得，他永远被你的光环笼罩着，被请客的感觉让自己永远抬不起头来。而好的朋友应该学会互相彼此承担，相互理解。当然，我觉得那位朋友也没有理解你的苦衷，你应该找他谈一次。

后来这个学生告诉我，原因的确是这个。现在他们吃饭都是AA制，两个人的交流也顺畅了好多。

英国作家卡罗琳·塔格特有一本书叫《所谓会说话，就是会换位思考》，书里说：什么是换位思考？就是仔细考虑对方需要什么，为对方着想，让对方感觉到舒服、有趣。比如多问这样的话：你认为呢？你能仔细说说吗？你的看法是什么？

这里有一个窍门，就算你说了一长串的肯定句、叙述句，最后也应该加上一句问句：你觉得呢？这样能给别人一种站在他的角度考虑和沟通的感觉。

所以大家发现为什么杠精没朋友，因为他们只是为了自己战胜别人那种快感说话，不能换位思考。我身边有几个总是打辩论赛的朋友，会习惯性地挑别人的错误，让对方很不舒服。比如，你说他好，他马上问你凭什么觉得他好，他哪里好了，他只能说某一个时间好……后来我才知道，不仅身边的朋友不舒服，连父母和他交流都不舒服。这种人有批评家人格，要远离这样的朋友。

5. 朋友就是陪伴，但有彼此的界限和空间

前些时间，我的一个好朋友失恋了，特别痛苦，打电话找我倾诉。我当时想，我也不懂怎么安慰人啊。但后来我还是陪他在楼下的咖啡厅坐了一天，到了晚上我们去酒吧喝了两杯，他一会儿哭，一会儿笑，我什么话也没说。临走前，他说，你在我身边，我舒服了很多。我仔细一想，那天我讲的话不超过十句，为什么会有那么大的作用呢？

因为朋友就是相互陪伴的，陪伴的功力很大，比语言还大，

其实情侣之间、家人之间都是这样，陪伴就是比打电话要有治愈感。这就是为什么大城市的年轻人喜欢养宠物，因为陪伴是每个人都需要的必需品。

这里多说一句，当爱情来临的时候，其实比友情的感觉要强烈，但当爱情的火烧完了，留在身边的，通常是友情。这就是友情的意义——长久、经得起时间的检验。

但为什么说要有距离？

许多文学作品都讲过类似的故事，两个小男孩关系很好，每天都要打电话，每天都要见面，结果怎么样？肯定吵架，打架，绝交，然后再也不理对方了。

直到长大，他们才意识到，就是这种腻味的感觉伤害了彼此。

长久的友情一定是要有界限的，什么叫界限？朋友让你知道的东西，你可以知道，不让你知道的东西，你不能知道。每个人都应该有自己的界限。这是对自我的保护。

没有界限的感情，就像是一把刀，以爱之名，乱扎人。任何感情都是如此。

6. 防止结交"烂人"

我定义这样的人为烂人，身边有这样的朋友，一定要远离：

（1）具有批评家人格的人

所谓"批评家人格",就是什么事情都喜欢站在自己的角度批评别人。

吴伯凡老师在课上讲过一个很有趣的故事：

医生：你好。

患者：好什么好,我要是好,就不会到你这里来。

医生：好,你坐。

患者：你不能剥夺我站的权利。

医生：你有什么病?

患者：你只能说我哪个器官有什么病,你不能说我这个人有什么病。

医生：今天天气不错。

患者：你只能说我们这个地方天气不错,南极和北极的天气不一定好。

仔细一想,这个患者说的每句话都对,但如果我要是这个医生,我肯定就打他了。

他为什么喜欢这么说话呢?因为批评家人格带来的是自己的自豪感,却让别人产生痛苦感。如果你长期在他身边,久而久之会变得毫无自信,所以尽早远离这类人。

（2）远离关系未成年的人

什么都靠你，什么都给你打电话，人格不独立的人。

（3）低自尊的人

时刻都在炫耀自己，显示自己强大，同时贬低你，碾轧你。

（4）"丧"人

丧人总是把你当垃圾桶，传递坏情绪，把你的心情搞差。重要的是这群人，永远在抱怨，从不解决问题，还把情绪扩大到别人身上。丧是容易传染的。

如果你遇到这样的人，很简单，打断他的抱怨，说："稍等，我还有事。"

说完别理他，几次以后就不来找你了。

（5）前男友、前女友

前任就是前任，既然决定放手了，该拉黑拉黑，该删除删除，不删除是对现任的不公平，也是对自己的残忍，更是对他的无情。对谁都不好。拉黑了，世界美好了，该往前往前，该干吗干吗。如果现在还没删前任的同学，赶紧删了，别放不下，从今儿开始，你要展望新世界。

（6）网上不停散发戾气的人

李咏老师去世了，我看到那些在他去世前，在他微博、他女儿微博下不停抨击的键盘侠,都消失了。当时,他们骂得都很过分,现在这些人不是注销了微博账号,就是销声匿迹了。

这些人的情绪很容易传染,因为你很容易跟对方骂回去,变成和他们一样的键盘侠。所以,解决方案很简单,见到一个拉黑一个,千万别让这些人离你太近。

(7) 是非之人

总是跟你讲别人的秘密、琐事,这样的人要远离,因为他能跟你讲别人的闲话,也能把你的事告诉给别人。

7. 应该怎么道歉

接下来,我们来分享一个特别重要的话题:吵架后,如何道歉?朋友之间吵架很正常,怎么道歉是门艺术。

分享几条干货:

(1) 谈初衷

咱们先来思考一个问题。一个你熟悉的人,他犯什么样的错误,是你可以原谅的;犯什么样的错误,你会认为不可原谅呢?

不用想太深,你就当自己是个普通人,想想你的原谅标准是什么。

斯科特·亚当斯在《以大制胜》里说,这种原谅的答案是

"动机"。

如果这个人的动机是好的，把事情弄砸了是因为自己不行，我们可以原谅他，但如果这个人的出发点也就是动机有问题，我们就不太能原谅这样的人了。

2010 年，iPhone 4 刚刚进入市场就被人发现常常接收不到手机信号，问题非常严重，被称为"天线门"。这是苹果公司的一次危机。

结果，乔布斯紧急召开了新闻发布会。他会说些什么呢？他是要真诚地道歉吗？

乔布斯说了三句话："我们不是完美的人。手机都不是完美的。但是我们总是尽我们所能让用户满意。"

这可不是道歉。乔布斯根本就没道歉。当然，发布会上苹果公司给出了天线问题的解决方法——没有给任何人道歉。

但这个事情的结果非常好。

发布会之后整个风向变了，媒体都在讨论乔布斯说的话有没有道理，有人赞同，有人不赞同，有人还列举了其他手机存在的各种各样的问题。而乔布斯的最关键目标达到了：表明 iPhone 4 不是一个残次品。没人再说 iPhone 4 是个残次品了，iPhone 保住了自己的地位，同时化解了危机。

这个叫作占领制高点。手机问题已经出了，你分析出错原因、痛哭流涕地说你们错了，消费者只能认为苹果现在不行了。乔布斯没有在这个层面辩解，他向上走了一个层面，说了三句几乎是废话的话："我们不是完美的人。手机都不是完美的。但是我们总是尽我们所能让用户满意。"这三句话厉害之处在于，全部解释的是动机。

所以，当你和朋友吵架的时候，保守的方式是，解释你的动机。英文里有句特别口语化的语言叫：I don't mean it. 意思是，我一开始不是这么想的。这句话可以用在很多地方，是个非常好的道歉方式。

（2）用文字写下来

文字的力量是超乎想象的，许多对方听不进去的话，写下来，反而能让对方看得进去。

（3）该补偿就补偿

如果伤害太重，比如把别人弄伤了，该赔偿就要赔偿了。

就算不赔偿，也要送个礼物。错了就要站直挨打，不丢人。

（4）接受别人的不原谅

如果对别人的伤害太大，别人不原谅，也是情有可原的。所以，谨慎行事，尽量不要伤害别人。

三、给生命做减法

大家有没有发现，不知道从何时开始，曾经形影不离的朋友关系都淡了，彼此说的只有过去的回忆，再就是感叹时间流逝？原因是，我们都长大了。长大了，就要学会和过去熟悉的人和事说再见。所以大家会发现，你和你的高中、初中同学现在联系得越来越少，大学毕业后，很多同学也渐渐不往来了。

不过，在成长的路上，我们也有了新的朋友。这就是成长的意义。

看着那些渐行渐远的朋友，我们能做些什么呢？首先不要感伤。这就像我们在坐一辆公交车，有人需要坐两站，有人需要坐三站，而你需要坐到终点站，大家终点不同，就只能中途说再见了。没什么好伤感的，道别时，拥抱，给彼此祝福就好。不用强迫别人一定要跟你在同一站下，你要相信，在路上你还会遇到其他同行者的。那些离开的人呢？是不是就永别了？不，他们在我们的记忆里，成为永恒。

另外，大家要明白，许多朋友不联系也就不会再联系了，如果你还在乎他，应该主动些，你想，就算是亲人，许久不见是不是也不联系了？安静下来时，也整理一下自己的朋友圈，许久不见的，可以给对方发条信息。

如果你的朋友正在低谷，你要尽力拉他一把，如果他不知道什么时候下车，你干脆拉着他跟你一起继续往前坐几站，共同进步。

但如果实在拉不动就算了，至少做到无怨无悔。

离别是人生的主题，坚强是这一生的功课。

我们一起加油。

PART / 03

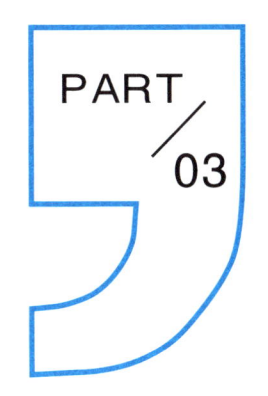

| 不甘平庸 |

越优秀的人生活越自律

≫

生命这个东西很可爱，
你不去主动设计，
生命也会有自己的形状。
但这个形状就不会是你想要的那样。

自律的人，才能获得真正的自由

这世上有三种自由：**经济自由、身体自由、灵魂自由**。

请注意这三种自由的排序，不能乱，一旦乱了就会出问题。

人应该先拥有经济自由，也就是有点钱，接下来你可以选择自己喜欢的城市去生活，我们肯定是要去过很多地方，最后才能知道自己喜欢哪里，决定定居在何处，这样你也就拥有了身体自由。当你拥有了身体自由，最后拥有的才是灵魂自由，想你所想，做你所愿做的事。但是，经常有人把这三种自由弄反了。

比如，有人花着父母的钱，却说着自己想要浪迹天涯，先想着身体自由,再想经济自由。那钱从哪里来?一定是由你的父母埋单。其实这世界没有什么岁月静好,都是别人为你负重前行。还有刚找到工作,就天天想迟到就迟到,想早退就早退的人,说自己就想要这种灵魂自由的状态。你的灵魂倒是自由了,但按照这个方式工作,恭喜你,以后你会一直自由下去。

所以,正确的做法是你先经济自由,也就是先找到工作,赚到钱,让自己不用再为了钱出卖自己的时间,接着你去实现身体的自由,想去哪儿就去哪儿,想干点什么就干点什么,最后,才有了灵魂的自由。所以,在你毕业后,穷得一塌糊涂时,**一定要先去赚钱,再去考虑自由的事情。**

我刚开始工作时,刚到北京,一无所有,租了间浴室改造的800元一个月的隔断房。这个时候我没有身体自由还能忍,但一定要经济自由。

当时我上课的课时费是每小时140~160元。不高也不低。说到这里,要强调一句,**决定你收入的,不是你的年薪、月薪,而是你的时薪。你的时薪是由你的不可替代性和市场需求决定的。**

一开始我不太会讲课,第一次讲课我被安排在一个特别远的万泉路校区。那时候我很年轻,才21岁,刚读完军校。于是我就把班上同学的名字都记下来，增强亲进感。这一招叫：能力不够感情补。第一个班还不错，人数少，十多个同学，我都能记下来。结果，第二个班是两百多人的大班，任凭你记忆力再好，也背不下来每个人的名字。果然，我给第二个班讲课时，学生们脸上就写着四个大字：还我学费。

后来我主动找到主管把我的课程减少了，我把每节课写下来的几十万字的逐字稿，一个字一个字地背下来，每节课的内容对着墙讲几十遍，背到滚瓜烂熟。当时连段子都是逐字写的，什么时候该停顿，什么时候要升调、降调，什么知识点要重点讲解，什么知识点一提而过，都逐字记下来。终于，当我再次上台时，学生的脸上露出微笑并点头肯定，这让我明白，自己的努力有了收获，成效显著。

我印象特别深刻，当年一个假期期间讲完课，部门秘书给我发了两封邮件：第一封是我的班级学生给我的评分，几乎都是 4.9 分，排部门第二。第二封邮件，是部门秘书给我发的工资单。上面的数字透露着一个大字：涨。

从那以后，我的课时费就涨了。

所以，在进入职场初期，你的能力一定是和时薪挂钩的。

当你进入职场初期，啥也别想，埋头苦干，让自己的能力越来越强，让自己的不可替代性越来越高，升职加薪是必然的。

后来几乎每年我的课时费都在涨，甚至哪个老师病了，主管第一个想到的就是，李尚龙代课；去外地学校招生，这个地区招不上学生，主管第一个反应也是让李尚龙去试试，我成了招生神器。跟几个老师搭讲座，也永远是别人先讲，我压轴。你的能力在这样的正相关下，会越来越强，你越强，课就越多；课越多，你的能力就越强。所以，这里我也建议大家，毕业后的第一份工作，一定要找一个大公司，因为它体系完善，只要你能力越来越强，你就会有越来越多的机会，这些机会能让你的能力更强，从而你的时薪就越高，直到你获得财富自由。

但你一定要明白：只靠拿每个月的固定工资，是永远实现不了财富自由的。

因为你拿工资，就代表着老板在用钱买你的时间，只要有人拿钱买你的时间，你总是划不来的。因为有人愿意买，你不得不卖，只有买亏的，没有卖亏的。而时间跟钱比起来，重要得多。

回顾一下公式：注意力 > 时间 > 金钱。

当你的不可替代性和能力超过了这家公司能给你提供的最

高的报酬时,你肯定不会再干了,因为划不来。

接下来有三条路可以选择:(1)辞掉这份工作去更大的公司;(2)辞职去创业;(3)委曲求全图稳定,一直在这家公司。

你有没有发现,这三条路给了你三种自由里面的第二项,身体自由?人一旦有了选择的能力,就开始拥有自由。

所以,在年轻的时候一定要多给自己铺几条路。

◆ ◇
一、身体自由

身体自由一定是跟一个人的想法息息相关的,你总是想它,期待它,你就会逐渐拥有。《秘密》这本书里说,当你强烈渴望,终会得到。我虽然不太同意这种观点,但我认同当你非常渴望加上行动时,成就的可能性会更大。相反,你不去想,不去做,你就会适应那种什么也没有的状态。

我给大家推荐三部电影,这应该是每个年轻人都应该看的:《肖申克的救赎》《飞越疯人院》《楚门的世界》。

《肖申克的救赎》里有一句台词:"你看这些高墙,一开始你讨厌它们，之后你适应它们，最后你离不开它们。"这是非常恐怖的一种废除自由的方式，因为你会适应没有自由的状态，并说服自己：人本来就是没有自由的。大家还记得那个图书馆的老头吗？当他获得自由后，他不但没有高兴、兴奋，反而畏惧了。

但并不是每个人都是《肖申克的救赎》里的安迪，二十年如一日，用勺子一勺勺地挖出一个巨大的洞，最后在大雨中获得自由，因为他每时每刻都在想：**有些鸟儿注定不会被关在牢笼里，因为它们的羽毛闪耀着自由的光辉。**

《飞越疯人院》里的麦克墨菲，时时刻刻鼓励着别人，说，你们一直抱怨这个地方，但是你们却没有勇气走出这里。后来他"飞越"疯人院失败。他说："但我试过了，不是吗？妈的，至少我试过了。"故事的最后，他被迫害到没有了知觉，但他的好朋友酋长逃离了疯人院，获得了自由。

《楚门的世界》里的楚门，他不愿意几十年如一日地说着早安、午安、晚安，更不愿意相信世界是一场骗局，不愿接受人生是一个秀场，于是他顶着晕海的痛，漂洋过海，竟发现原来世界这么大。最后他还是说了那句："如果再也见不到你，就祝你早安、午安、晚安。"他很清楚地知道，自己可能再也见不到这个世界了。

所以，我们越在年轻的时候，越应该给自己种下一颗种子，这颗种子叫自由。

二、自由就是拥有更多的选择

科学家已经证明了，人没有绝对的自由，也没有绝对的自由意志。所以，给自己多一点选择的能力是我们年轻时奋斗的目标。什么叫自由呢？我的理解是：**有备选的人生，有可选的方案，有说"不"的权利。**

为什么有些人遭受了职场霸凌还不得不留在公司？受到了不公平待遇还要保持微笑？被人排挤了还不能说不？因为他没的选。

一个人能拥有说"不"的权利，也是一种自由。

之前我写过一篇文章，叫《以赚钱为目的的兼职是最愚蠢的投资》，写完之后有些人骂我："你考虑过那些家庭状况很糟糕的孩子吗？"我说："我当然考虑过，但我考虑的维度比你更高。我考虑的是，你把自己的路走窄了，你现在还有的选，按照只为赚钱为目的的节奏走，毕业后可能什么都没有，因为你只是去赚一些苦力的钱，没有让自己增值。"

我们在三十岁之前的努力，都是为了以后让我们能够有更多选择的能力，从而获得更多的自由。

当年我们从原单位辞职，尹延把我叫到一个咖啡厅，说："咱们辞职创业吧。"那天我们聊了很多，但他唯一触动我的一句话是："你想，只要你有一根网线，你可以在全国各地任何地方上课，你的选择变得更多了。"

后来我在做任何事时，都会问自己，这件事情我做完，是让我的路更宽，还是更窄？如果让我的路更窄，我就不做了；如果更宽，我就选择做。你要具备这样的想法，久而久之，你会把拥有自由变成习惯。

比如，有两份工作，一份工作每天工作十个小时，月薪是八千元，时常加班。另一份工作每天工作八个小时，月薪是六千元，偶尔加班。

刚毕业的人选择哪份？

聪明的人会选择第二份，因为第二份你获得的自由度更大，这些自由时间可以让自己变得更好，从而找到工资更高的工作。两千元买下了你时间的自由。

三、未来的工作和自由职业者

在美国作家约翰·布德罗写的《未来的工作：传统雇用时代的终结》这本书里，作者认为，现在百分之九十的全职工作岗位会在未来二十年消失，全职员工会变成自由工作者，传统企业组织模式会被颠覆。个体时代会崛起，个体会脱离雇用独立生存，达到自由的工作状态。

原来在美国，女人一旦生孩子了，就很可能会脱离原来的工作岗位，中断自己的职业生涯，有些人可能就从此永别职场。但现在不一样了，互联网实现了家庭办公、自由办公，也实现了"随时在线"。前些时间一条新闻说，美国有个马上要分娩的妇女，在打了麻药后跟丈夫说，你把我的电脑拿过来，然后她在进入产房前，发出了一份工作邮件。

这或许就是未来的工作趋势，其实现在许多美国女人生了孩子，也能很快回到工作岗位。互联网时代具备一个特点：随时在线，随时打断，无论在哪儿都能工作。

所以，未来可能我们许多人都不用坐班，在家或者在咖啡厅就能在线办公，完成自己的工作，拿到体面的收入。这是这本书预测的未来工作状况。

而这样的预测，其实已经在很多地方实现了。现在在北京的咖啡厅，走进去，你会看到工作日中总有些人拿着电脑在里面一坐就是一天。你仔细观察，这些人要么在发邮件，要么在做表格，要么在写文章……如果可能的话，你可以跟他们聊聊，他们不用赶早高峰、晚高峰，但他们随时随地都可以工作，这些人就是自由职业者。

如果你有机会再深入了解一下，你会发现，这些人的工资都不低，也绝对不是拿月薪的人。现在在写字楼里每天循规蹈矩地拿月薪的，反而成了低收入人群。

这就是未来工作的方向：**要去寻找，要去追寻，要不然，自由是不会来的。**

◆◇

四、如何设计自己的人生

自己的人生一定要主动设计，否则就会被被动安排。前些日子，我在家翻看我的日记（我从 2008 年开始坚持每天写日记），看到2011年的日记，那年我刚从军校退学，加入了新东方，那个时候新东方的一个领导不给我排课，这样我就没有收入。

后来我才知道，那个领导不喜欢我，他喜欢那种大长腿的美女老师。

我呢，一不是美女老师，二不是大长腿，所以，我就一直没课上。

我就这样被晾了两个月，直到房租都快交不起了，我记得特别清楚，那个时候房租是12月21日要给。11月初，我意识到了紧迫感，口袋里还剩几百元，饭都要吃不起了。如果我什么也不做，就死定了，不过我真的很感谢那个时候自己的主动，我打开飞信（当时还有飞信），把我认识的所有领导都私信了一遍，其中一个领导当时的飞信还是欠费的状态。我说：我这么优秀的一个老师，为什么不给我排课啊？第二天就是那个欠费的领导给我回复的，说："你直系领导不给你排课，那你来我这里上课吧。"所以，我在新东方讲的第一门课是小班的托福词汇课，后来评分一直很高，又调回去教四六级、考研。直到今天，我都特别感谢那个时候勇敢的自己，因为那时我主动出击，否则必然就要面临回老家，不能留在北京的局面。

所以，我们要学会设计自己的人生，要多问问自己你想要什么，然后把自己想要的东西拆分开，一点点实现。

我再举个例子，前些时间我们家楼下建了个游泳池，我就去运动，但我发现游泳特别寂寞，不像跑步，你可以同时听歌、听书。于是，第一步我问自己，你想要什么来实现自己的自由？所以我就在网上买了个防水耳机；第二步在手机里面放上音乐，接下来，我再游泳时，就可以听音乐了。就是这样一个小小的细节，让我实现了在游泳时听音乐的自由。人生就是这样，懂得去设计，就会多不少选择。

生命这个东西很可爱，你不去主动设计，生命也会有自己的形状。但这个形状就不会是你想要的那样。

所以你经常看的影视作品中，一个人被逼到绝境，还是可以活下来，因为生命也会呈现自己的形状，但这个形状是被命运逼迫出来的。

我曾经看过一个帖子，说，为什么有些人锱铢必较呢？有人回答："因为当你手机里有百分之九十几的电时，你自然不会在乎电量，但你的手机只有百分之一的电了呢，你当然会在乎那百分之一的电会不会往下掉。"许多人都表示赞同，但我看了这个帖子特别不解，你为什么要把自己的生活逼到只剩百分之一的电量呢？何况你还这么年轻，怎么就总是不充满手机的电呢？

你为什么不能充满电再出门？你为什么不能带个充电宝？你买不起充电宝那你为什么不带上充电器找插座呢？人生一定要设计，你不能把命运给你的苦当成你必须承受的难，你要学会设计自己的一生，才能有真正的自由。

所以，要多看看自己的手机电量，是不是足够帮助你自由地打开任何 App；也要多看看自己的钱包，想想怎么才能让自己足够体面、足够自由地走入任何一家商铺，走进任何一家餐厅。

尤其要跟女孩子说什么是自由：是你可以赚到钱，也可以花男朋友的钱；是你可以靠自己，也可以靠男朋友；是就算他离开你，你也可以过得很好的能力。这才是自由。

◆ ◇

五、越自律，越自由

我们今天聊自由，那为什么许多人无法获得自由呢？推荐一本书——《逃避自由》，作者是西方著名的心理学家艾里希·弗洛姆。这本书里说：自由给现代人带来了独立和理性，但也让他们失去了归属感和安全感，感到日益加深的孤独和无力。人们的自由背后充满着迷茫，不知道应该做什么。那究竟如何才能让自己的自由度变大，同时又不迷茫呢？答案很简单：

越自律，越自由。

自由一定是相对的，只有自律的人，才能有自由。

比如那些自律节食、自律锻炼的人，他们才能拥有更完美的身材；那些自律每天背单词做真题的人，他们才能拥有更好的成绩；那些每天自律工作的人，才能拥有自由的生活。这世界其实就是这样，你要自律，才能自由；你要限制自己，才能不被限制。相反，你不自律，就没自由，监狱里那些失去自由的人就是最好的佐证。

所以，别拖延了，从今天起，励志成为一个自律的人，坚持下来，只有这样，你才会是个自由的人。

真正厉害的人，都是控制情绪的高手

有一次我开车赶上了下班高峰期，前面是交通指示灯，我一看黄灯亮了，就不着急了，稳稳地停下了，可我后面有辆车一直按喇叭，好像是想要冲过去。

这个时候戏剧化的事来了：

这辆一直按喇叭的车跟我并排了，司机把车窗户摇下来冲我大喊："你他妈会不会开车啊？！"

我刚准备回骂的时候，我的情绪报警机制启动了，对他置之不理。这些年我有个特别厉害的招式，当我感觉自己情绪快失控的时候，就在内心深处默数两秒钟，马上就能冷静下来。

于是，他骂的脏话我一句也没听进去。

他一直骂到红灯变成绿灯。我说："祝您开心。"说完，开车就走了。

这件事情我很难忘，在路上想了很多：

第一，我是怎么克制住自己情绪的？

第二，情绪是怎么控制那个人的？

其实我们都有被情绪控制的时候。比如你有没有过在网上一言不合就开骂的经历？有没有过开车被人加塞特别生气的经历？有没有过无缘无故特别焦虑的经历？有没有过带着情绪跟亲人说话或做决定的经历？我们总会被情绪控制，而无法控制情绪，然而**高手是可以控制情绪的**。

一个人越成熟，你越难看出这个人的喜怒哀乐，因为他的情绪都藏在心里，喜怒不形于色。越菜鸟的人，你就越会发现，他所有的情绪都写在脸上，当然，也会体现在朋友圈、微博上。

情绪还有一个特点，会传染。

分享一个故事：

有一个父亲，工作不顺利，回到家，跟母亲发了脾气。母亲心里过不去，把孩子凶了一顿。孩子气得离家出走，把一只流浪狗踢了一脚。流浪狗气不过，追着一只流浪猫跑了一个街区。

流浪猫忍了一夜，把小区的垃圾桶全部撞翻了。父亲第二天早上上班，看到满小区都是垃圾，又愤怒了。

这就是情绪的第二个特点：**情绪不仅会传染，而且是会循环的。**

但愤怒也不是百害而无一利，人因为会愤怒，才能活得不那么憋屈；因为网民会愤怒，所以才有些不公平的事情在现实中被解决了；因为工人会愤怒，才有了资本家的妥协，有了一周两天的休息日；因为有了小贩的愤怒，才有了城管能文明执法。

本篇的内容话题都来自《控制愤怒》这本书。大家注意书名并不是消除愤怒。没有愤怒的人，是没有生命力的。

这本书的作者叫阿尔伯特·埃利斯，是20世纪美国著名心理学家，他还有一本书，叫《控制焦虑》。阿尔伯特·埃利斯一生出版过70多部心理学著作，他在学界和公众界都十分成功，因为他都是用科学的手法分析人的心理。

这些知识搭建起他的学派："理性情绪行为疗法"理论体系。

也就是通过理性逻辑来处理感性的问题，下面我们从愤怒来了解整个情绪是怎么组成的。

一、愤怒的来源

1. 从进化学角度来讲：人类为什么会有愤怒？

愤怒本质上是一种身体机能，是我们在进化过程中发展出来的，使自己不受外界伤害的自我保护方式。

愤怒是外壳，它里面包裹着的是恐惧，作用就是避免我们受到伤害。

换句话说，恐惧导致愤怒，愤怒的背后都是恐惧。

比如一个小姑娘在房间里看到一只蟑螂，蟑螂也看到了小姑娘，此时此刻，谁害怕谁？

都害怕，蟑螂怕小姑娘，小姑娘也害怕蟑螂。

这个时候小姑娘会做什么？小姑娘会大叫。因为她知道，外面有人能来帮忙。

假设外面没有男朋友、老公、爸爸、妈妈，小姑娘会怎么样？就不会叫了。

恐惧导致愤怒，姑娘会撕心裂肺地冲过去一脚踩死它，一脚够不够？显然是不够的，要很多脚，一边踩一边说着脏话表达着愤怒，因为怕啊。

所以，愤怒是外壳，里面包含的是恐惧。

愤怒的表现形式也很怪，它可能是冲动的，不由自主的，短促而猛烈的，也就是平时说的"一听到一句话就爆炸了"。愤怒还有一种形式，也有可能是安静的，有预谋的，很克制的，也就是我们常说的"君子报仇，十年不晚"，大家比较熟悉的情节就是"基督山伯爵"。

简单地说，愤怒是我们在受到伤害之前或是之后的一种攻击行为。

那么愤怒这种情绪为何产生呢？研究发现，主要和基因有关。

有研究表明，那些特别容易愤怒、极具攻击性的人基因普遍存在问题。

在我们体内，有一种基因叫作单胺氧化酶A，我们把它简称为A基因。

它有两种形态。其中较长的，产生的酶比较多，活性高；较短的，产生的酶很少，活性低，我们称为低活性A基因。

如果你携带的是低活性的A基因，大脑中神经递质的降解就会很慢，效率就会很低，这时候一个人就更容易冲动和发生攻击性行为。

科学家给低活性A基因起了一个绰号，叫作"战士基因"。

在 20 世纪 90 年代，这种基因决定论大肆流行，所以才有了纳粹，认为基因决定一切。所有的暴力行为都可以用基因来解释。

但后来科学家开始发现，并不是所有携带低活性 A 基因的人都会表现出暴力行为，环境和大脑的影响非常关键。有些没有携带战士基因的人身上也容易出现暴力行为。

其实，基因不能成为一个人的决定性特点，比如一个有发胖基因的人，他可以通过后天的努力变成个瘦子；有人有长寿基因，也可以通过后天的作死行为立刻跟世界说再见。环境也很重要。

科学家发现，一个人如果携带了低活性的 A 基因，从小又受到了虐待，自己还控制不了情绪，那他成年后出现反社会行为的概率高达百分之八十。

但是如果他运气很好，在和睦的家庭里长大，自己也能掌控情绪，那他顶多会表现出冒险行为，并不会轻易愤怒和攻击别人。

因此，一个人呈现的状态，是先天和后天共同作用的结果。

有一本书叫《天生变态狂》，作者是美国一个非常权威的神经学家，叫詹姆斯·法隆。有一天在研究脑电图时，为了增加样本量，他干了件事儿，把自己家族的大脑扫描图拿了过来。

比对的时候，詹姆斯·法隆发现了某个大脑图像跟刚研究的好几个罪犯的大脑特别像，边缘都有相同的变异。教授想，这个人估计也是个罪犯，结果他一看，吓了一跳，这个大脑图就是他自己的。

于是，他深入研究，发现自己的大脑不仅和变态狂一模一样，自己家族里还确实出现了许多杀妻狂、杀母弑父这样的罪犯，问题是，他不仅没有杀人，还是个德高望重的教授。

他继续研究，发现这些杀人狂身上都带着"战士基因"，也就是低活性 A 基因。

但为什么他自己不是杀人狂呢？后来得出的结论跟前文提到的一样：一个人会不会被基因控制，还取决于他后天的环境以及大脑是否愿意刻意控制自己的基因。

这让我想起一句话：**强者是逆着基因生长的。比如我们的基因是容易发怒型的，但我们克制情绪；比如我们的基因让我们很懒，但我们每天早起；基因让我们很馋，但我们锻炼身体。**

这就是高手的特点，永远逆着基因生长，尤其是在年轻的时候，如果你每天都觉得自己特别爽，请你要小心，这种生活很可能会废了你。

2. 从心理学角度来讲：为什么我们会愤怒呢？

作者阿尔伯特·埃利斯给了一个公式：

"理性情绪行为疗法"认为，导致愤怒的不是外部刺激本身，而是你应对刺激的"信念体系"，这句话很复杂，我们先来看看公式。

愤怒公式：$A \times B = C$

A 代表不利事件，B 代表信念体系，C 代表情绪。

在 A 成为既成事实不可更改的情况下，我们可以通过调整 B 来改变 C，也就是愤怒情绪的大小。

比如，我开头讲的这个例子，A 代表那个人在停车的时候骂了我，B 代表我觉得没什么事儿，于是我减轻了愤怒，C 降低了。

但对于他，A 代表我没有按照他的意愿开快点，B 代表他的体系：这世界上竟然有人敢挡我路！C 则是情绪上，他崩溃了。

有没有发现，A 我们是控制不住的，因为谁也不知道接下来谁说什么，谁干什么，自己会发生什么，但我们能决定自己的信念体系，也就是我们看这件事的角度和想法。

小的时候我父亲经常告诉我，别惹事，但事情来了也别怕事。惹事就是增加了 A，别怕事就是减少了 B。这就是愤怒的公式。

二、愤怒的危害

为什么要让大家尽可能地克制愤怒呢？

1. 愤怒会破坏我们的人际关系；

无法控制自己情绪的人，最终是交不上朋友的，甚至会伤害自己的朋友。有人说道歉不就行了吗？一个钉子钉在墙上，然后把钉子拔出来，这堵墙还是之前那堵墙吗？所以，再好的朋友之间，也不能无休止地表露愤怒。愤怒应该是一种策略，而不是伤害别人的武器。

2. 愤怒使我们不能专注于真正重要的事；

有一次飞机晚点了，我们在机场焦急地等待。忽然，广播传来一个消息说，航班取消了。这时大家瞬间就炸了。这就是 A 发生了。我也很生气啊，但我没有情绪失控，马上冲过去问，是不是确定取消了？工作人员说，确定了。这个时候很多人仍然一直在咒骂、攻击，我转身出了安检，立刻去办理改签。当我到达航站楼，柜台人员说，还剩下最后两张票。我办完改签之后，才看到那些气势汹汹的大部队冲过来，此时已经来不及了，没票了。你看，愤怒会让我们忘记真正重要的事情。所以，你要把自己的目光交给目标，而不是对手。

3. 人在愤怒状态下做出的选择，往往不太可能是最佳选择；

人啊，永远不要在愤怒的时候做任何选择。

有一部阿根廷的电影叫《荒蛮故事》，由六个短小精悍的暴力复仇小故事组成，最后的结局都十分荒诞。

本来大家是想做 A，然后愤怒上来了，莫名其妙就做了 B。比如两个人只是在开车，后来因为争执变成非要搞得你死我活，最后两个人一起死了。跟贾樟柯的一部叫《天注定》的电影很像，故事都是从一种愤怒发展到另一种离谱。

愤怒容易让行为变形。很多年前，我有个同学，考研开始情绪就很差，那天有一个监考老师穿着高跟鞋进来了。高跟鞋每踩地板一下，他的愤怒值就飙升一下，几分钟之后，他崩溃了。崩溃的情绪直接影响了心情，在考试结束后他站起来把老师推倒了，最后不但没考好，还被带到了公安局。

其实遇到这种情况一定要冷静，按照公式，第一件事要降低 A，然后控制 B，先要跟老师说：您能不能轻点走路？然后马上调节 B，暗示自己没事，没事。

我记得当年尹延老师考研的时候，监考老师站在一边看他写卷子，让他很烦躁。他用一只手一挡，另一只手轻轻把老师推开了。

谁也没生气，考试照样进行，老师也知道不能干扰学生了。

所以，愤怒下做出的选择很难是对的，要学会控制情绪。

4. 愤怒容易导致攻击行为，以及对方的报复性攻击行为；

愤怒还有个坏处，就是愤怒地攻击别人会导致对方也用同样的方式攻击你。冤冤相报何时了，仇恨只能激化仇恨。

5. 愤怒会危害自身健康，诱发心脏疾病，带来精神痛苦。

经常发怒的人，自己也很难活得特别开心。

我们来看看一些常见的误区：

第一个误区，通过发泄来减轻愤怒。

有一次我和一个好朋友聊天，他讲了件很小的事，有点情绪，结果他越聊越生气，聊到后面我也有点失态，好几次都想拍桌子走人。所以，发泄并不是一个聪明的方法。

第二个误区，暂停策略。发现自己生气时，先停一下消消气。有一定的作用，但只是逃避，不能从根本上解决问题。

第三个误区，认为愤怒会促使你得到你想要的东西。有时会奏效，但是，如果你总是用愤怒来给人施压，最终必会摧毁你的人际关系，到头来什么也没有。

在电影《让子弹飞》里面，王麻子最后和黄四郎决一死战的时候，先发银子，接着黄四老爷收银子，为什么呢？因为大家怕，怕黄老爷发怒，就把银子都给了黄四郎。接下来，王麻子开始发枪，黄老爷收枪的时候就没人给了，因为群众的怕就变成了怒。

一个人利用愤怒造成别人的恐惧和害怕，利用别人的害怕得到的东西，最终都在给自己埋雷，将自身埋葬。

三、控制愤怒的方法

1. 思维方法

（1）质疑法

《控制愤怒》里面说：当面对外部诱因和逆境时，调整自己的信念体系，**让负面情绪回归健康、理性的范围内。**

具体做法是这样的：质疑你的反应中哪些属于理性信念，哪些属于非理性信念。

质疑分为三个阶段：

第一阶段：查明你的非理性信念是什么；

第二阶段：辨别非理性信念和理性信念；

第三阶段：针对非理性信念进行积极辩论，从而改变自己将情况往坏处想的想法以及强迫性的思维方式。

比如你开车被别了一下，愤怒了。

马上想，第一步，查明你的非理性信念：为什么愤怒？你是不是觉得自己是这条路上最牛的，谁也不能别你，谁别你，你就要跟谁打架？

立刻进行第二步，辨别非理性和理性的信念：理性信念是这条路归大家的，是公共的，谁都可以走。

第三步，用理性和非理性进行辩论，凭什么只有自己可以走啊！他不守规矩，要惩罚的是警察，而不是自己。

非理性明显输了，也就不生气了。

人的左脑和右脑分别对应的是感性和理性，很难同时运作，不信你可以试试一边四则运算，一边哈哈大笑，你会笑得很不真实。

（2）打断他的情绪

当你看到一个人情绪崩溃，帮他的方式特别简单，立刻打断他的情绪。

原来我有一个朋友，刚失恋，那天我们喝了点酒，说着说着她就有点失态了,开始哇哇地哭诉。后来我让她陪我去印刷厂，她帮我翻书，我来签名，之后她就累得睡着了。

她醒来之后，我的好朋友帅健翔老师说："别那么伤心了，以后他还有好多书要翻呢！"

她"扑哧"就笑了。

当一个人难过的时候，一定不要跟她说，哎呀，是啊，她好辛苦，好悲惨……你要跟着她的情绪走，就完了。否则，不仅她会哭，周围的人也会跟着哭，因为情绪会传染。这时一定要唤起她的理性状态。

以后如果你朋友说：我被男朋友甩了。最好的解决方案是什么？嗯，打乱她的节奏：你这个月赚了多少钱啊？北京房租又涨了知道吗？单词背了吗？……

再比如一个孩子十分生气，哇哇叫怎么办？处理的方式特别简单，唤起他的理性：昨天的动画片你给我复述一遍。来我们背诵一下乘法口诀表。爸爸和妈妈哪个好啊？孩子的理性被唤醒，感性就会被抑制住。

再比如有一个朋友发了特别大的脾气，就像天塌下来了一样。

唤起她的理性和意识很简单，你可以微笑地看着她，什么也不说，或者递过去一杯水，或者打断这个话题，都可以唤醒她的意识。

2. 行为方法

（1）学会放松，从肌肉到精神

积极的方法应该是去运动和健身。

在跑步机上跑半小时，游泳半小时，让愤怒从身体上流走。

有氧运动是缓解情绪很好的办法，抑郁、焦躁、焦虑都可以通过跑步来解决。有时，我情绪特别糟糕或者莫名其妙头疼的时候，都会去做有氧运动，很快就能恢复。

但提示一点：尽量快走、使用登山机或者游泳，因为长时间每天跑步容易使膝盖受伤。

（2）冥想法

找个没人的地方，什么也别干，什么也别想，只需注意自己的呼吸，当你开始胡思乱想时，立刻强迫自己关注自己的呼吸，将绷紧的弦放松一点，再放松一点。

几分钟后，你就会足够冷静和客观地分析问题的症结了。

（3）学会接受一个愤怒的自己

很多人说，知道了这么多控制愤怒的方法，那为什么老天造人要给人赋予愤怒的情绪？

大家注意，控制愤怒不是消除愤怒。

不会愤怒、只会讨好别人，对自己是有害的。

以前我有一个高中同学，我对他的评价就是三个字：老好人。他特别听话。

从小父母让他干吗就干吗，老师让他干吗就干吗。每次交班费他都是第一个，回到家主动干家务。

他读的是武汉重点高中，高考分数特别高，他的父母非要让他学机械工程，他也浑浑噩噩地去学了，毕业之后去了一家工厂。女朋友也是父母介绍的，谈了几个月就莫名其妙地结婚了。

很快，朋友们告诉我说他得了抑郁症，三次自杀未遂。

二十六岁啊，自杀三次，什么概念？后来他去看了心理医生。

结果，没过多久，听说他已经离婚了，现在在北京一个酒吧打碟，当DJ（唱片骑师）。当然这不是励志故事，他打得不是特别好，但他自己过得幸福了。

后来我跟他喝过一次酒，发现他好像换了一个人，见到他时，他跷着二郎腿，抽着烟，说话很冲。他开始学会愤怒了。

他身上那种好人气质，忽然全没了。

他终于活出了攻击性。

我现在就希望愤怒不要控制他，他要学会控制愤怒。

人的生命里有两种愤怒，一种是好的愤怒，另一种是坏的愤怒。

正确的处理方式是，理解你的愤怒，思考它向你传递的信号是什么意思。比如我这个同学的愤怒想传达的内容很简单：我厌倦你们对我的生活指手画脚，你们都闭嘴，我要过我的生活，我是自己命运的主宰者。

听愤怒背后的声音，了解愤怒背后的意义，才能从真正意义上控制自己的情绪，成为一个高手。

听清楚愤怒在表达什么，接着，富有智慧地去解决它，才会帮助你强大起来。

美国心理学家托马斯·摩尔有非常好的表达：

你要理解你的愤怒，最终才能触及它的核心。

愤怒厘清了复杂的生活，并不断将其重组。

托马斯·摩尔在他的著作《灵魂的黑夜》中还说道：

你最好只和那些会表达愤怒的人做朋友。当人们清楚明白地表达出愤怒的情感时，它就能为一个人和一种关系做出很大贡献，但是当愤怒被遮掩隐藏起来时，它的影响则正好相反。

最后总结一下：学会表达愤怒，但要控制它。

衍生阅读：

阿尔伯特·埃利斯：《理性情绪》《拆除你的情绪地雷》《控制愤怒》《控制焦虑》
乔瓦尼·弗契多：《情绪是什么》

如何正确地使用社交软件

社交,在每个时代都是必要的,根据《人类简史》的叙述,人类因为有了社交,才有了进化。原来我们的社交都是面对面,现在的社交几乎是靠网络、微信。尤其是工作时。

所以,应该怎么发微信,怎么发朋友圈,在群里怎么体面地交流,这些知识在这个时代就显得十分重要。有趣的是,有大量的朋友会犯错、被人误解、失去朋友,甚至被人拉黑,这些误会时常令人难过。

社交的第一法则：让对方舒服

大家记住，无论科技如何改变，社交软件怎么更新，抓住"让对方舒服"这个原则不变就好。

这是一种很重要的思维方式，无论科技如何改变，抓住问题的核心，其他事情就不必害怕。

一、使用微信的误区

1. 那些高危表情

我有一个年纪比较大的朋友，人很好。

但这位朋友一跟别人聊微信就经常惹人生气，被人骂，甚至被人拉黑。他自己感到特别莫名其妙，不知缘由。后来我帮他研究了他的聊天模式，找到了原因。

他总喜欢发两个表情，**第一个是，微笑拜拜的表情。**

这个表情的背后含义其实不是微笑打招呼或者微笑再见的意思，而是亲切地在说一个字——"滚"，为什么呢？因为这个表情的眼睛是向下看的，这种眼神代表着不屑。尤其是在职业化的圈子里，这个表情对陌生人很不礼貌，让人很不舒服，违反了交友原则。

他喜欢发给别人的第二个表情是微笑，也就是刚才那个表情去掉手。

这个表情也不是表示这件事情很好笑，而是代表着"呵呵"，"呵呵"代表着无语、尬笑，本质上都不太礼貌。其实龇牙的表情或者用文字打上"哈哈哈"都是比较适合的沟通方式。

各位是否发现，一个现实生活中很不错的人，在网上沟通交流不恰当，因为一些文字的错误使用或者表情的错误使用，很容易把一件事表达成另一件事，一个意思表达成另一个意思。最终违反我们的社交第一原则。

2. 错误的开场白

你见过这样的开场白吗？

"在吗？"

"有件事跟你说一下。"

这两句话很可怕，因为可能你正在吃着火锅、唱着歌，他忽然说，在吗？有件事跟你说一下。你第一反应是，火锅吃不了了，歌也别唱了。更有甚者，会纳闷，他怎么知道我在干什么？

"在吗"这句话很难回答，因为你可能"在"，但是你在跟家人吃饭，没法回复他的消息。你也可能"不在"，但你正在微信里跟别人谈事情、发朋友圈，所以，你应该回复"在"还是"不在"呢？回复"在"，回复完便会进入一边吃饭，一边看手机的状态；你回复"不在"，他可能会觉得你不重视他。最可怕的是，你回答了"在"，对方找你借钱，找你给他孩子投票，此时你到底是该"在"还是"不在"？

所以，"在"和"不在"是一个"瞬间"的概念，这是QQ时代的烙印，那个时候有人隐身，你可以问问"在吗"。但现在进入了微信时代，你还老问在不在，这会让对方很不舒服。这再次违反了我们的社交第一原则。

所以，得体的微信礼仪应该是先说"您好"，如果是工作上的事情，接着把事情说清楚，给对方自由的时间，来选择是否回复你、应答你。

这样的方式，让对方舒服，也会让人觉得你是个职业的职场人。

3. 语音消息

你是否还遇见过这样的人，他给你发的每条信息都是语音。还有一种人，每条语音都是六十秒，像被训练过一样。这种人我们称为"语音狂人"。

可能有人会说，这样发语音多方便啊。

可你有没有想过，如果是文字消息，对方扫一眼就能看明白，这样别人获取信息的效率会更高；如果每条都是语音，你是方便了，那别人呢？

所以，重要信息尽量用文字，不要发语音。

这里教大家一个办法，你现在可以拿出手机，点击微信右下方的加号键，下面有一个语音输入，然后你按住说话，就可以把你的语音转换成文字了。在商业和职场中，文字代表正式，语音代表随意。

或许你会觉得，发个微信怎么会有这么多规矩，但这就是职场和成人世界的规则。

当然，如果你只是跟你的好朋友、父母发信息，你想用什么形式发都没关系。

4. 微信沟通适用于哪些场合

我有一个网红朋友，他想要卖产品不知道怎么定价，于是找到我，让我给他介绍另一个微商界的前辈，咨询一下定价的事情。

我让他们私聊。

一个小时后，做微商的朋友跟我说，你这个朋友太不靠谱，我已经拉黑了。

我问，为什么？

他把两个人的聊天记录截图发给我，我一看就傻眼了。

我这个朋友问的是这样的问题：你的商业核心是什么？你能告诉我，你是怎么赚那么多钱的吗？

微信只适合搭个讪、开个场，不适合做深刻的讨论，更不适合进行商业、个人秘密的交流，尤其是大家不熟的时候。这个时候，合理的交流方式是约对方出来见个面、吃个饭，如果觉得自己搞不定或对方不给你面子，应该把共同认识的人一起叫出来，聊聊天，向对方虚心请教。

在这里还要补充一句，不要绕过中间人去求人解决问题。因为这样会把中间介绍人弄得很尴尬。你事儿求成了，会让夹在中间的人没有成就感；这事儿求不成，夹在中间的人也要跟你一起尴尬。

可惜的是，我这位朋友一点微信的礼仪也不懂，通过微信聊那么深入的工作细节，是给自己埋雷，也会让人觉得你不靠谱。

人之所以要见面沟通，是因为见面时表情和语调更丰富，也更能凸显出人和人细腻的交流方式。

小结：

微信只适合打招呼、大概地聊点儿事；选择表情时要斟酌；开口不要问"在吗"，能用文字的，尽量不用语音。

记住社交的第一原则："让对方舒服"，科技无论怎么变，我们抓住核心的观点不变，这样就好。

◆ ◇

二、工作群和同学群

你有没有过这样的情况：

被莫名其妙拉进一个群，群聊状态是从激动到沉默到潜水再到退群。

有人在群里发广告、发语音，激动地和别人争论。

群友突然拉了一个人进群，忽然间大家都不说话了。

在班级群里拉票、求赞，给朋友投票、拉票、求赞。

简单来说，微信群有三个作用：

1. 收集信息

在一个群里，你可以获得自己想得到的信息，比如尚龙老师最近又去哪里签售了；他最近又在写什么作品；你喜欢的什么商品打折了？哪些地方在假期不堵车？这个时代，信息就是金钱，微信群里，往往是一群志同道合者的会聚之地，所以，这里总会有你需要的信息。

2. 结识好朋友

这个时代，你的好朋友可能不在周围，很多时候结识朋友都是通过一个微信群认识的。在互联网时代，同类人不一定在一个城市。因为你们有共同的爱好、想法，你们虽人在各地，却可能会是同类人。而微信群里，总能让我们遇到同类人。

3. 放大提升个人的影响力，传播名声

在群里你可以强化自己的人设，展现自己的能力，从而获得更大的影响力。当你在一个群里获得了自己想要的东西，你就可以"消失"了，该退出退出，该屏蔽屏蔽，不要打扰别人，也不要打扰自己。

那有人说，这是不是太现实了啊，得到需要的东西就走？

不是。高手和菜鸟最大的区别就是，高手知道自己要什么，而普通人不知道。

所以，微信群就是圈子的会合，**我们也尝试着把微信群分成三个圈子：**

第一个叫同事同学圈。

第二个叫同业圈，也就是相同行业不同公司的伙伴们。

第三个叫同道圈，你们有共同的爱好，比如一起游泳，一起健身，一起打牌，一起玩耍的人。

对于许多同学来说，第一个其实是生活中最重要的圈子，所以，我来着重分享这个圈子的群需要注意的事项：

1. 同学圈要怀旧，同事圈要解决问题

同学圈受欢迎的法则：多晒照片，童年的、学校的、过去的，这些都有利于提高圈子对你的好感度；同事圈解决问题，对方甩出个问题，你需要做的就是帮忙解决、提出方案，别抱怨，别散播负面情绪，除非你不想干了。

2. 同学圈要体贴、互助

同学圈经常会有人跟你散播一些小情绪。比如自己分手了，失业了，此时一定要适当地安慰，比如发这样的表情：拥抱、摸头、爱心、玫瑰花。适当的时候，也可以打电话去安慰。

3. 别怼人

群里怼人很丢人，怼赢了也不美，尤其是同事圈和同学圈，人家还不能把你从群里踢出去，因为踢了你还是同事，还是同学。见面很尴尬，不见面又不可能，你让人家怎么办？人在江湖飘，不到万不得已，千万别把自己逼到墙角。

4. 别发小广告

尤其是同学圈，同学圈有时候讲究一个地位高低，你看看同学会那些暗中比较就知道了，你一发广告，地位就下去了。同事圈就不用说了，你一发，领导一看，怎么，这还在外面有个兼职呢？那就把兼职变成主业吧，明天别来上班了，恭喜你，你自由了。

5. 请柬、重要信息请一对一地发

我遇到过一个朋友，把自己结婚的请柬发到群里，说，欢迎大家来参加我的婚礼。

这个时候很尴尬，因为没人搭理他，更崩溃的是，这礼金你怎么给，难道和他一样发群里，让大家抢？重要信息和请柬，一定要有仪式感，也就是说，请一对一发。

6. 如果经济允许，多发红包

群里最受欢迎的人，就是那些发红包的人。我有一个朋友，是个网红，没人见过他，但他特别受欢迎。每进一个新群，他就先发红包，金额还都不小。一开始大家以为这朋友是个冤大头，

后来才知道，他这个习惯让他获得了很多人的好感。这份好感让他在职场中受益颇多。这个逻辑跟多埋单一样，看似吃了亏，其实在身份和地位上占了便宜。

7. 别发语音

群里千万别发语音，千万别发语音，千万别发语音！重要的事情说三遍。我曾经见过最离谱的事情，是两个人在群里用语音吵架，我们都不知道听还是不听。

8. 不要求赞拉票

千万不要求赞拉票。更不要@所有人。

9. 不要炫耀，吹牛

群里的炫耀会造成两种结果：第一，尴尬。第二，遭恨。所以，高冷点，没错。

10. 删除那些加了你好友然后一句话都不说的人

加了好友又不说话不点赞，你是来当卧底的吗？这些人很可怕，像僵尸一样，最可怕的是我一会儿要分享的：这些人会获取你的信息，用在你不知道的地方。

11. 沟通时，适当附加表情包

有时候干巴巴的一句话，会让人不适，一句话后，若能加个微笑、大笑、坏笑的表情，这句话就会变得立体了，有感情了。

◆ ◇

三、朋友圈不要传递负能量

上文讲了微信群，现在跟大家说一说朋友圈。

1. 不要叫苦

我经常会遇到发各种痛苦崩溃的心情到朋友圈里的同学，这个时候问题来了，我们知道他很痛苦，可是没有办法帮助他，朋友们会有三种应对方式：第一，当作没看见；第二，评论两句，然后习惯了他的状态；第三，点个赞。

苦是生活常态，写日记记下来，然后反思，苦是给自己看的，也是成功后给别人看的。今天的苦是为了以后不要吃同样的苦，吃学习的苦是为了避生活的难，年轻时苦没关系，人到中年还在苦，才是最大的苦。所以，别抱怨指责，迎接每一个战斗，把苦难埋在心里，人才会成长。

我还遇到过这样的人，发这样的朋友圈："好忙啊，没时间发朋友圈了。"你疯了吗？那你别发啊。发朋友圈前一定要思考一下，你是想获得什么，如果只是为了多收点赞，就忍忍。因为当你优秀了，别人会一直给你赞，而不是局限于朋友圈里。

2. 抱怨人际关系

"今天遇到个傻×，太讨厌了！"看到这样一条朋友圈，你的朋友们应该怎么办？安慰你吗？可是安慰你，别人也不认识这个傻×，也不清楚你们发生了什么事情，你也没写清楚，所以想了半天，算了，别安慰了，点了个赞。

3. 抱怨老板

"老板真是个傻×……"你以为分组了，老板看不见。

同事点了个赞，转发给了老板，你开心吗？

4. 家庭关系不要发在朋友圈中

朋友圈最好能做到保持神秘，你父母、孩子、妻子、丈夫的照片，原则上不要发在朋友圈里，朋友圈不仅只有朋友，还有很多路人、同事、怪人。

四、千万不要在朋友圈晒娃、秀恩爱

前些日子我跟一个在微信客户端工作的朋友聊天，他说了句很可怕的话，现在任何 App 的信息都不安全，有很多不法分子都在利用这些信息诈骗。

1. **通知身边的妈妈，减少晒娃的概率，妈妈是孩子信息的出口**

这世界上有一种网叫暗网，普通人看不到却又普遍存在的网，这上面各种奇怪的人到处都是。尤其是一些妈妈，特别喜欢给不穿衣服的孩子拍照，继而发到朋友圈里，殊不知，这可能会给一些恋童癖的人提供素材。为了不伤害自己的孩子，请通知身边的妈妈，减少在朋友圈晒娃。

2. 孩子的信息和自己的信息要学会保密

比如你经常出没的地方，不要标注在朋友圈。别人会根据你的信息，推断出你家在哪里，或者你孩子上学的地方。如果你出去旅游，比如这个地方你此生就去一次，你使劲标注，没有关系。信息安全在我们这里刚刚受到关注，相信未来一定会有更严格的防范，所以，在此之前，请一定保护好自己的隐私。比如订外卖、叫快递的时候，可以不用写真名就尽量别写，能在楼下取快递就去楼下取。

3. 不要用自己孩子当头像

跟妈妈们多说一句，用自己孩子当头像不代表你多爱他们，爱是从内心发出的，不是表面的喧哗。这样的爱会把隐私卖了。如果您在职场，这样的头像其实体现出的是不专业，尤其是领导看到这个，可能会认错人。

4. 千万千万别秀恩爱

晒孩子至少体现孩子们都挺可爱，但如果你的男朋友或者老公的颜值不是堪比吴彦祖，建议就别晒朋友圈了，就算他颜值堪比吴彦祖，也别晒朋友圈。生活中，有些人其实不太希望一个人过得比他们好，他们表面上的恭喜，可能都是暗地里的诅咒。自己幸福不幸福，冷暖自知，没必要到处炫耀。

你认为你男朋友很帅，女朋友很美，其实大多数情况都是认知偏差。因为你在热恋中，评价往往过高。就算男朋友帅到一塌糊涂，你发出来干吗呢，是想告诉我们他的帅气跟我们有什么关系吗？

不让你在朋友圈秀恩爱的另一个原因就是，万一后来你们分了呢？第二年同一时间，你的好朋友截图给你，看，过去的你，多么高兴。现在的你，是不是特别羡慕那时勇敢的你？

◆ ◇

五、避免朋友圈雷区

接下来给大家四条非常重要的建议：

1. 停止发负能量的内容

无论是朋友圈、群里，都强烈建议，停止负能量的抱怨。

你的朋友圈就是你交友的门面，你是个什么样的人，从朋友圈就能判断出大概来。

2. 可以偶尔发好笑的段子、励志的话

我们公司的运营总监，每天都发段子，他的朋友圈就很受欢迎，有时候他哪天没发段子，大家就问，你今天的段子呢？有一天他好像是失恋了，发了一条：北京的冬天好冷。因为他老发段子，下面的评论全部是"哈哈哈哈"。这个运营总监，让公司的人都很喜欢他。

3. 可以适当传播好消息、真实的消息

在朋友圈我的建议是，好的消息、真实的消息，建议多发，多传播。比如你考上了哪个学校，比如你获得了什么奖项，比如你的体重又下降了多少……

4. 过去的朋友圈赶紧删删

我想你看到这里，就赶紧拿起手机删删过去的信息吧。

六、头像和名字

1. 进入职场后,尽量把自己的名字改成真名,或者希望别人称呼你的名字

否则,第一,别人不知道你叫什么;第二,很容易误解你的职业。

我曾经遇到过一个老板,四十多岁,我现在都不知道他叫什么,因为他用的名字叫小朱佩奇。我每次都叫他朱哥,确实很怪。后来人家告诉我,他喜欢小猪佩奇是听年轻人说其是"社会人"的代表。

2. 头像最好用自己的正面端正的照片

别做鬼脸,别用修图软件修太狠,更别涂鸦。

只放自己的照片就好,照片上不要有其他人,因为你将你和别人的照片设置为头像:第一,别人会觉得你不够独立;第二,别人不知道哪个是你。

我之前有一个朋友给我看他最近认识的一个男生,那个人的头像就是他和林俊杰老师的合影，我这个朋友不认识林俊杰老师，一直以为林俊杰是他认识的那个人，喜欢死了。

我当时就疯了。

所以，当你进入职场，进入了社会，微信也就是你个人品牌的延伸，你是谁，就会在网络信息中看到那样的你。《头号玩家》里说："互联网世界的逻辑是，我是我想让你看到的我。"希望看了这篇文章，大家能努力让他人看到一个更好的自己吧。

衍生阅读：

罗纳德·B.阿德勒：《沟通的艺术》
马歇尔·卢森堡：《非暴力沟通》
熊太行：《掌控关系》

面对杠精，我们该如何应对

杠精的第一种形式：抓住你的小错误放大，否定你的全部，从而提高自己的优越感。

有一次我给一个朋友看我刚写完的新小说，他看完说觉得一般。

我谦虚地请他指正，哪里写得不好。

他说，我看到里面有多处错别字，所以你写得非常不好。

当时我另一个作家朋友就炸了，说：他写了十万字，因为他有几处错别字就说他小说写得不好，是不是太刻薄了？何况后期还有专业的编辑做编校，你提前看了内容，夸人家两句会死吗？

那位朋友很尴尬地说：不好意思，我更喜欢说出别人的缺点。

当然这个人已经快不是朋友了。

杠精，顾名思义，就是酷爱抬杠，抬杠就是无用的争辩。争辩可以，但无用的争辩就失去了意义。

这样的人在生活中很多，到了互联网上，杠精的语言能力就被放大了。为什么呢？因为互联网具备匿名的功能，当一个人的身份被互联网掩盖，言论就更不客气了。

杠精的第二种形式：总跟你唱反调。

比如常见的形式：

就我觉得×××不好看吗？真垃圾。

难道没人看出这个漏洞吗？

虽然……但我就是不喜欢……

杠精的第三种形式：各种人身攻击。

杠精和批判思维者的区别就是，前者养成了挑刺儿的习惯，后者只是在必要时才这样。

一、每个人都会遇到杠精

互联网刚开始联通时，遇到杠精最多的是名人、大 V。

当初没有屏蔽词，没有限制词，他们的微博评论里每天都有许多骂他们的信息，后来微博做了升级，开通了拉黑、屏蔽等功能，这样杠精才相对少了一些。

我身边有很多朋友，最痛恨的就是知乎上的问题：如何评价×××？

因为，只要是涉及评价某人的话题，只要当事人不在场，永远是被批评的多，被赞扬的少。

大多数人在公开场合不太喜欢赞扬别人，更喜欢批评别人，因为这样能体现出自己的优越感。所以，但凡网上出现"评价"相关的话题，最热门的一条大多是批评的。但问题是，你从何处了解到评价对象的呢？

有一次我和几个朋友吃饭，他们都表示自己在知乎上被人评价了，而且说的都是被曲解的信息，问我怎么看。

我说，在知乎上写一篇文章：如何评价知乎。保证结果是一样的，会有无数人杠上开花，但如果这么做，你也成了你讨厌的模样。

直到今天，在万物通联的状态下，已经不只是名人才会遇到杠精，杠精已经遍布普通人的世界和整个网络。

你有没有遇到过这种情况，你看完特别喜欢的一部电影，发了朋友圈，杠精就评论说，这个演员长得很难看嘛，整容脸！

你特别喜欢一个歌手，发朋友圈说，很喜欢这首歌。杠精评论说，他这身衣服真丑啊。

心理学界定这种人有批评家人格，他们总能找到一些东西去挑毛病，以此来获得存在感，也叫语欲胜人症。

这个世界哪有完美的人，任何人都有瑕疵，当瑕疵被过度放大，也就没有人能幸免。

所以，当你不了解完整情形的时候，不评价就是一种美德。直到今天，除非是调查取证，否则我不会随意去评价别人。 我在自己的日记本第一页上永远写着：三年学说话，一生学闭嘴。

换个角度，对普通人来说，也不要怕陌生人给予的评价，我们活在世界上总会被人评头论足，你需要做的是让了解你的人、你身边的人、爱你的人，对你没有恶评就够了。陌生人太多，算了，不用在乎也顾及不来。

你一生善良纯朴，相信美好，剩下的让他们评价去，不重要。

林语堂先生写过一本书叫《苏东坡传》，元符三年（1101年）七月十八日，苏轼在临终前，对守在床边的三个儿子说："我平生未尝为恶，自信不会进地狱。"

生命是对内的承诺，而不是对外的炫耀。这句话太重要了。不评价别人，也不怕别人评价。

武则天的无字碑，也是暗示着一个概念：评价的事情，由后人来做。

不惧怕别人的评价是一种智慧。

◆ ◇

二、杠精在生活中的危害

有一个杠精朋友在身边对自己的伤害很大，杠精是通过否定别人来获取自我满足感的，这点十分可怕。因为人的自我满足感应该源于战胜困难、战胜自我，不应该是因为战胜别人而获得。

所以如果你身边有这样的朋友，你将会过得很痛苦，因为他总会有意无意地否定你。

比如你发一张照片，他说，好丑啊。

你发一个学英语的微博，他说，放弃吧！

……

如果你身边有这样的朋友，我建议，快点绝交吧。至少要远离他们，把他们的朋友圈分成一个组，别让他们离自己太近。

女孩子也一定要注意，别嫁给这样的男人，一个男人的自信应该源于事业，源于自己的进步，不能源于对别人尤其是最亲的人的打压。

同理，男孩子也要记得，娶老婆也找尊重自己的，别找那些总是在家里发飙，在外发难的老婆。你的自信心会被一点点瓦解，那种家庭是不会长久的。

大家看看很多离婚的案例，主要原因都只有一个，一方瞧不起另一方，或者双方互相瞧不起，无论是哪个方面。

有一次我跟一个好朋友，《失恋狂想曲》的导演曹雨聊天，我问，你最爱你老公什么？说三个词。

她想了想，第一，我崇拜他……

我说，好了，不用再说第二个了。

因为这一条理由就已经够坚固了。

我也经常会在网上拉黑一些网友，之所以拉黑，是因为我的时间宝贵，不能浪费。他们通常都是匿名的，而我是实名的，我没空和他们抬杠。

杠精杠着杠着，就十分容易滋生网络暴力。

杠精很可怕的另一点在于他们做事的**情绪优先于调查事实**。

杠精只管爆发情绪，不管事实，不去了解事实的复杂性。爆发情绪特别简单，不过是人类的本能而已。

情绪和事实是两个维度，**高手追求的是事实，菜鸟爆发的是情绪**。

情绪往往不能解决问题，反而会让问题变得更大。比如丈夫回家前被领导批评了，到家就冲着妻子发一顿脾气，情绪是爆发了，可问题并没有得到解决。高手解决问题的方式是，从职场的角度思考为什么领导要批评自己，从而下次更好地避免。

远离那些总是习惯性爆发情绪的人，因为负能量极容易传染，比如你在网上看到一个人骂你，你第一反应肯定是用比他更恶毒的话语去回击，恭喜你，你变成了他。

再比如你看到有人骂另一个人你觉得骂得特别好，于是，你也骂了两句，恭喜你，你成了他。

我们很容易会成为那些被你讨厌的人，因为杠精的负能量极容易传染。

有人说，自己就事论事，不人身攻击可以吗？

答案是不可能的。

互联网上所有的争论最终都会发展成人身攻击，这是毫无疑问的。

有一本书叫《暗网》，作者是著名的英国作家和网络智库专家杰米·巴特利特。书里说，互联网是有"引战行为"的。在网络上进行辩论，如果双方的观点对立，那么随着辩论的进行，参与者互相人身攻击的概率几乎是百分之百。

这个被称为"戈得温法则"：一个普通的人，加上匿名性，再拥有了观众，就可能变成浑蛋。

所以，以理性的方式和杠精相处，就是不要回复他，尽量远离。

三、如何回应杠精

第一，态度比道理重要

两个大 V 在网上吵架，谁会赢？

不是占理的那边就是姿势好看的那边。

聪明的大 V 在网上跟人吵架往往不会撕破脸，一副死乞白赖的样子跟人争吵很吃亏，相反，他们谈笑风生间把事儿解决了。

所以，在网上遇到杠精，不生气是第一要务。因为争论跟情绪有关，你要用幽默的形式把事情化解了。

幽默是万能的，可以解决无数的矛盾。

前段时间我和某个电视剧组发生了矛盾，我写了篇文章讽刺他们，他们为什么不敢还击呢？

很简单，因为他们不敢跟我争吵，首先他们不占理，但我这个时候光讲理，就显得我姿态非常不好看了。所以我就开玩笑说，这个节目组不给经费还耽误我这么多时间，下次谁找我做节目，请先联系我的经纪人尹延。大家都知道我是没有经纪人的，也不收费，所以这事儿笑着就说完了。

第二，顺着他说

前段时间我看到群里有个留言特别好玩儿，有人发了一段鲁迅的话，后面加了个，早安。杠精来了，说，这句话不是鲁迅说的，是周树人说的。

这一看就是个杠精，应该怎么回复呢？顺着他来。

"就是，我也记得是周树人。还是你有文化。他们都是笨蛋。"

你永远无法叫醒一个装睡的人，你唯一能做的是让他继续装睡下去，何况你的时间那么宝贵，干吗要教育一个杠精呢？

第三，用混乱的逻辑绕他

你：我是素食主义者，不吃肉。

杠精：哎哟，还素食呢，蔬菜也有生命也怕疼啊，你不觉得吃它们也很残忍吗？

你：蔬菜告诉你的？

杠精：没有，你不是怕杀生吗！

你：蔬菜认识肉吗？

杠精：……

为什么他接不住，没逻辑。

遇到杠精不可怕，找到他的逻辑，然后绕他，把他绕晕。但一定要心平气和。

我还收集了一些特别有趣的回话术：

别跟我说话，我有洁癖。

你什么品种，说话这么凶？

你长脑袋是为了让你自己看起来高点吗？

你这么会抬杠，带去工地做事吧。

你还可以多准备一些好玩的段子，方便在网上用，很有趣。但是这些怼人的方法，有一个最大的漏洞，就是时间成本。你花着自己本该另作他用的时间，去做了一件没有意义的事，划不来。

所有在网上跟人发生的冲突：吵架、抬杠，最后的结果都是无比相同：杀敌一千，自损八百。

你就算把人玩儿得身败名裂，你的时间也搭进去了，非常划不来。

我的前同事罗永浩原来在网上和方舟子争论，争了好几年，最后的结果确实是赢了，但因为耗费时间太长，筋疲力尽，把他的英语培训机构也弄垮了。因为得罪人太多，公司但凡有发布会，就有一堆等着黑他的人潜伏着。

对方撕你，你不得不应战。在网上耗费太多精力的人，真实生活都会受到影响。这几乎是铁定的定律。

那有人问，应该怎么办？

我跟各位分享两个怼杠精的方法：

1. 尽量别搭理他

这样看起来很怂，其实这是大智慧。杠精百分之八十都是在刷存在感，你越回复，他的存在感越强。所以，聪明的方式是不理他，微博和微信都有拉黑功能，拉黑就好，别让他进入你的世界。

2. 以柔克刚，以爱换恨

2017年4月27日，陕西米脂县发生了一起骇人听闻的校园暴力事件，米脂县第三中学的学生放学后，被告人赵泽伟掏出事先准备的匕首，迎面冲入学生的人流中行凶，造成九人死亡、多人受伤。这个人已经被判处了死刑。但值得反思的是，这个人是如何变成杀人狂魔的呢？犯罪嫌疑人交代，自己在米脂三中上学时经常被校园霸凌，所以他痛恨学生，于是产生了杀机。

各位发现了吗，愤怒和邪恶都是极度容易传染的。能终结伤害的，只有爱和原谅。但这个是极高的智慧，也很难。

我之前看过一部电影，叫《菲洛米娜》，主人公菲洛米娜是一个修女,年轻时有了私生子,后来襁褓里的婴孩被教会的大修女强行带走,再后来宗教改革后,不反对修女生孩子,她去寻找自己的孩子。这个大修女为了证明自己之前的正确,就各种作梗,说你的孩子不要你了,早就不认你了。等到菲洛米娜最后找到自己的孩子时,孩子已经去世了,只留下了一封信和一个视频。视频的内容是,一直找不到妈妈;信里说,对母亲十分想念。菲洛米娜疯了,找到了大修女,这个时候,大修女已经瘫痪了。如果换作你,你会怎么样?抡起棍子就揍了。但菲洛米娜热泪盈眶,最后说,我原谅你了。

我原谅你了。

看到那里,我瞬间热泪盈眶。这是多么大的智慧啊!

原来我只要看到网上有人骂我,我肯定是骂回去的,而且语言比他还狠,咱们不能吃亏啊。后来慢慢地我也学会了开玩笑作答,甚至学会了不回答。因为你花费的时间成本太高。

有人会说,龙哥你说得容易,要是别人真的骂你,你会怎么回复?

前些日子一个读者给我这么留言说:李尚龙,你就是个读书读多了的骄傲的傻×。

我看了他的微博,知道他正在考研,还听过我的课,正常情况其实完全可以查出他在哪个班，停了他的课，再骂回去就行了。

但我是这么回复的：祝您一切都好，考研顺利。

后来，他这么回我：龙哥，你确实是一个控制情绪的高手，我向您道歉。我会加油的。

所以，面对杠精的最好方式是，以柔克刚、以爱换恨，但这需要极大的智慧与忍耐力。

衍生阅读：

杰米·巴特利特：《暗网》
戴夫·柯本：《互联网思维》

有效扩大自己的交际圈

如何扩大自己的交际圈,我想这是每个人都关心的话题。

前段时间,我去上海参加一个论坛,现场有个读者问了我一个问题:"我现在想要这个又想要那个,但又觉得时间不够,我应该怎么办啊?"我说:"没关系,现在你想做什么你都去试试吧。因为你还年轻,精力旺盛,正是给生活做加法的时候。但如果有一天,你发现自己生活的负担太重的时候,就要适当给生活做减法了。减掉不需要的工作,减掉没必要的社交,减少不真心的朋友,回到生活的核心。"

给自己做加法还是减法,这个年龄界限因人而异。对于我来说，大概是三十岁。三十岁之前，我们还在探索世界，还在追求高质量的生活，还需要叠加自己的交际圈；但三十岁之后，或许就应该减少了。

有一次我和张德芬老师一起参加活动，在台上聊天的时候发现我们的价值观有很大差异，今天细细想来，才忽然明白，那是因为我们的年龄差距导致的价值观差异，现在的我是在做加法，而她已经在做减法了。

今天我们探讨的是如何扩大自己的交际圈的问题，我站在一个大家都需要给生活做加法的角度来说。因为许多事情，在我们年纪尚轻时不做加法，是无法在年长时做减法的。

◆ ◇

一、放弃无用的社交

各位有没有过这样的经历：你进了一个群，加了几个大牛，但不知道该跟他们聊什么，自我介绍后就开始潜水了，然后和大牛们成了点赞之交？准确来说，是你给他们点赞，他们基本不回应你；你参加了一个聚会，别人的自我介绍都是导演、教师、作家，而你只能介绍你叫×××，你发现你进入了高端社交圈，却茫然无措，不知如何使用这些资源。这是因为此时你的层级还不属于这个圈子，你现在的社交或许就是无效社交。

同样的无效社交还有：你和一群人吃晚饭，乱七八糟地不知道聊了什么就回家了。一个饭局超过了六个人，除非有人会穿针引线，要不然基本上就是无效的沟通了。

在职场有一个社交法则：等价交换。等价交换，才能换来等价感情。所以，在你还不够强大的时候，提高自己的能力就显得十分必要。

提高自己，找到属于自己的圈子。

古典老师说过一个概念，我非常赞同：**人脉的质量比数量重要，关系比链接重要。**

换句话说，人脉不是你认识多少人，而是多少人认识你；不是你认识谁，而是谁跟你的关系好。

而在职场里，你的人脉资源又取决于你有多少价值。所以，提高自己的价值十分重要。

比如你见到的那些创业家，他们的朋友多数是跟自己有或即将有合作的人。在成人世界里想要跟一个人增进友情，最好的方式就是跟他共同做一件事。无论是什么事，两个人会一起遇到麻烦，遇到困难，共同解决，共同前进。这样，感情就累积起来了。所以，在任何情况下，都要自我进步，提高自己，这样才能资源互用。

顶级公关顾问公司中国区主席刘希平先生在《天下没有陌生人》这本书里说，提高自己有五种方式：

第一，**做时间的主人**。从你进入职场后第一天，就要珍惜自己的时间，工作场合尽量和比自己强的人社交。这种感觉或许不舒服，但在一定程度上跳出了舒适区。

第二，**做一个受欢迎的人**。平常时刻要察言观色，比如敏感地发现问题，并帮朋友解决。比如去朋友家吃饭，帮忙去厨房打个下手，没事也去洗个碗。

第三，**细微之处见真情**。比如永远记住朋友的生日，这个不需要你真的记住，你只需要下载一个App"生日管家"，定时给别人发祝福就好。在坚持几年后，自然会收获深厚的友谊。

第四，**拒绝负能量**。做正能量的传播者，之前说过，负能量的可怕之处是会传染，而你如果是个很衰的人，自然周围也都是这样的朋友，你的圈子也会很衰，从而把你影响得更衰。所以，理性的方法是，结识正能量的朋友。

第五，**内外兼修**。这是个看脸的时代，但看脸也有合理性，看脸不仅指的是五官，还是一个人的整体气质和面貌，比如卫生习惯、穿衣打扮、身材健美、洗头洗澡。好的形象更能让你受欢迎。书里还强调，买名车、名牌衣服、鞋子，并不能增加你在别人心里的认可度，一个人的受欢迎程度跟这些身外之物其实没什么关系。

在职场里,你自身的价值提高,就是你的不可替代性被提高。一个人越不可替代，才越会有机会获得更好的人脉资源。

◆ ◇

二、三种圈子：交集圈、交换圈、交心圈

每个人其实都有三个圈子，分别是：交集圈、交换圈、交心圈。

交集圈：我们只见过一面，或者只是认识但没什么合作、没什么交情的朋友。

交换圈：商业上的伙伴，职场上的朋友。

交心圈：大家在一起不图利益，只是单纯的好朋友。比如，和你一起长大的发小、你的中学同学，和你一起经历过青春岁

月的那些朋友。这些人能留在身边特别不容易，可能你们此生都不会有什么事业、利益上的合作，但只要你有需要，他永远在；可能你们很久没联系，但只要见面，你们的关系仍会一切如故。如果你身边有这样的朋友一定要珍惜，随着年龄的增长，这样的朋友会越来越少。可以定期发个微信，空闲的时候联络一下彼此的感情，情感链接不要断了。我就有位这样的朋友，平时很少联系，但只要彼此有空，无论多晚，想出来喝一杯，只需要一个电话。

一般跟交换圈的朋友约喝酒，肯定要提前预约好几天，但跟交心圈的朋友约喝酒，就两个字：随时。

这是多么宝贵的财富啊！

而且，交换圈和交心圈的朋友可以互相转换。

我和帅建翔老师就是从交换圈变成交心圈的，当年我们是同事，后来辞职后，他搬到了我的楼下。成为我的邻居后，我们就随时聚会了。

交心圈的朋友跟利益无关，只跟彼此相处的时间有关，如果你还有这么一个朋友，请一定要珍惜。

三、提出一个请求

有人问：我很内向，应该怎么改善跟一个不太熟悉的人的关系？

推荐一个方法，叫提出一个请求。

富兰克林在自传里说过这么一件事。他当选州议会秘书之后，有个势力很大的议员一直反对他。富兰克林想改善他们的关系，得知议员有一本很珍贵的书，就给对方写了封信，说想借这本书看几天。结果没过两天书真的寄来了。

还书的时候，富兰克林写了张字条表示感谢。

等到他们再见面的时候，那位议员竟然主动和富兰克林打招呼，后来还帮了富兰克林很多忙，两人成了好朋友。

这是为什么呢？议员明明一直反对他。

答案很简单，因为别人求你帮忙，但凡这个人给予了帮助，就有了情感链接。每个人骨子里都有"好为人师"的情结，求别人帮忙，本身就是一种恭维。

向议员借书，富兰克林的言外之意就是：这珍贵的书只有你有，你真厉害！

所以，好朋友是麻烦出来的。别怕麻烦人。

你今天麻烦别人一下，没关系，以后还回去，这样你来我往，感情就加固了。人情是需要往来的，怕麻烦别人注定就没有人情，这种做法不聪明。要多麻烦别人，但一定要是个小麻烦，别动不动就是把孩子送到哪儿上学，买学区房这样的事。

我经常会在写完一篇文章后发给我最亲的几位朋友，请他们帮我提意见，当然他们往往提不出什么意见，比如第一个给尹延老师看我的书《刺》，书已经出版上市了，他到现在还没看完。给石雷鹏老师看，等他提出了十多个意见，我的书早就下印刷厂了。

但这样的方式，让我们成了很好的朋友。

还有个方法特别有用，叫**模仿别人行动和说话**。

最近看了一本书叫《传染》，是美国著名作家乔纳·伯杰的作品。书里说，通过模仿，可以获得人际交往的好感效果。因为你在传递一个无意识的信号：他和我之间一定存在某种联系。说话方式接近的闪电约会者，想要见面的概率比其他人要高三倍。说话相似的情侣，三个月后依然约会的概率比其他人高一倍。模仿顾客的服务生比一般服务生多收百分之七十的小费。

四、克服和高手沟通的恐惧

对方是高手，你不敢跟他讲话怎么办？

克林顿的御用人脉大师基斯·法拉写了一本书叫《别独自用餐》，里面讲了一个故事。

当年，基斯·法拉刚参加工作不久，自己还是一个小角色，有一次因为工作原因去参加瑞士达沃斯的世界财富论坛，这个论坛很有名，世界顶级的精英都在那里。

在上酒店安排的巴士时，他一眼就看到了大名人、自己的偶像、耐克的创始人菲尔·奈特。

假如是你遇到传说中的名人会怎么样？大多数人要么是冲过去求合影，要么是远远观望。当时的他特别紧张，但依然鼓足勇气走到菲尔·奈特身边的座位坐了下来，搭讪成功，和他谈笑风生。

后来基斯·法拉在 YaYa Media 公司的时候，菲尔·奈特成了他的第一位大客户。

基斯·法拉后来总结说，如果你想要结识优秀的人，并从他身上学习，那么你首先要学会克服自己的恐惧，有勇气去接触他们。不要把他当大腕,当成普通人就好。

当然你还要提前做好很多准备,比如你要跟我坐同一辆车,一个多小时的路程,你有哪些话题可以跟我聊?

千万别说:我好喜欢你啊,咱们合个影吧。你总不能跟我拍一路吧,剩下的时间岂不是会很尴尬。

首先,你要提前调查一下我是做什么的。你不能说,你原来在新东方啊,那里的厨师烹饪技术真好……你要跟我聊互联网教育、读书、学习,这些是我擅长的领域。记住,跟任何大人物聊天都要了解有关他的信息,看他的书,研究他的访谈……这样,你们沟通的时候,基于这些资料,就可以深入交流了。

其次,要大胆。仔细想一想,如果你想去结识一个陌生人,最糟糕的情况无非是被人拒绝。但是别怕被拒绝,你本来也不认识他。而且大家要知道一句话:高处不胜寒。越是名人,越在高处的人,其实越谦和,因为他们见的人多了,知道人的正常反应。

当然具体该怎么样提升勇气,《别独自用餐:85%的成功来自高效的社交能力》这本书的作者也给了两个小技巧:

首先,在你的圈子里面找一个榜样。我们每个人的生活圈似乎都有这样一个人,他们和任何人打交道都毫不胆怯,如果你还没有勇气和陌生人交流，可以找一找这样的人，模仿他们，请教一下他们是怎么做到的。

其次，给自己制定一个目标去付诸行动。比如每周去见一个陌生人，比如每周要和一个陌生人说上一句话，在哪儿见和见谁都不重要，重要的是，你要克服这种心理假想。又或者在酒吧里跟陌生人打招呼，或是和平时不说话的同事聊聊天。像这样鼓足勇气多去交流，慢慢地就克服了恐惧心理。

古典老师是我绝对的偶像，当时我鼓足了勇气在微博后台给他私信，请他给我的新书作序。他一开始没有回复我，后来我就一直给他发私信，说："您还记得，您在自己的书里说，您当年找毕淑敏的时候，她也是愿意提携新人给您作序的事情吗？我现在也是这样的处境啊。"然后，我向他介绍了一些我的经历。古典是这么回复我的："多么精彩的人生啊！我愿意给你作序。"

后来我们成了很好的朋友。

有时候鼓足勇气很重要，大不了被拒绝嘛。其实那段时间我还找了好多名人，想让他们给我的新书作序，但都石沉大海。没关系，至少我试过了，不会后悔啊。

五、提前帮助未来会帮助你的人

有一个售书平台市场部的领导，我们第一次见面就聊得非常开心，我说，下次有机会一定要请他吃饭。很多作者都要和渠道搞好关系，人家可能一句话就能给你一个网页首页展示，书就多卖一些，人家也可能一句话就撤掉你的页面位置，书就销量大跌。

但我这个人不太好意思搞关系，平时请他吃饭的人也很多，因此一直也没有机会。直到有一天，他告诉我他要离职了，准备跳槽去另一家公司，不管市场了。我立刻就给他打了个电话，说："哥，欠你的酒，该还了。"与此同时，竟然没人请他吃饭喝酒了，这世界有时候很现实，树倒猢狲散，人走必茶凉。但我们却因为没有利益关系，很快成了好朋友，后来也经常在一起喝酒聊天。过了半年的时间，他特别高兴地说："尚龙你猜怎么了？"

我说："怎么了？"他说："哥们儿官复原职，杀回来了。"

现在我跟他吃饭也比较坦然，因为我们的感情经过了时间的考验。

后来古典老师跟我说，这个故事在心理学中的概念是：提前帮助未来会帮助你的人。

◆◇

六、出现、表现、贡献

除了扩大交际圈，维持现有的人脉也是一件很难的事情。有三个很重要的方法：**出现、表现、贡献**。

出现：时刻出现一下。比如逢年过节的祝福微信，当然现在已经没什么意义了，因为逢年过节每个人都在发微信，你应该做的是看到好的文章、段子、内容转发给相关的朋友，不管是不是逢年过节。这叫个人化的出现。就比如我之前提到的，安装生日提醒的 App，就是最好的个人化出现的方式。大家看过《当幸福来敲门》吗？里面的主人公一直在门口等着，这就是出现。

表现：要有自己的优势和长项。比如，你的朋友圈就是你表现的平台，平时可以晒一晒你获了什么奖，赢了什么比赛。尤其是在职场，一定要记住，高调做事，低调做人。我做事就是很高调的，我参加什么节目一定会让大家都知道，出本书也一定要发微博宣传。但我做人很低调，你很少能看到我哗众取宠或者在哪些特别火的话题里出现。我平时就在家写作、读书，日子过得很寂寞。还是说到电影《当幸福来敲门》，里面的主人公在领导面前玩儿魔方就是表现——让你看到我的才华。

贡献：这一点更重要，你再牛，跟我无关也不行。所谓的"贡献"，就是饿了递个馒头，困了递个枕头。做一个愿意帮助别人的人，并且养成习惯。比如对我来说，我看过的书，总是习惯性地借给朋友看；如果有朋友出了新书，我往往也都会很乐意去给他们做嘉宾。总之，你要学会把你的价值跟别人分享，这样才能增强你们的关系。《当幸福来敲门》里面的主人公拉了几个重要客户，搞定了几笔生意，公司自然就多一些他的地位，这就是贡献。

七、倾听比表达更重要

所有表达的根本都是自我叙述。比如我每次签售的时候都有一个读者提问环节，我希望同学问我问题，但很多人一直都在表达自己，说着说着就忘记了自己想问什么问题了。我一般都会安静地听，除非他的叙述太长了，我会打断，因为会耽误其他读者提问。

为什么我一般都会安静地听呢？因为每个人的表达都是自我叙述。原来我有一位朋友，比我大很多，条件也很好，但他后来娶了一个我们都觉得挺一般的姑娘。我就问，你条件这么好的一个人为什么选择她啊？他说，因为我们第一次见面，我就觉得跟她聊得来。后来我见到这位姑娘（现在已经是嫂子了），她说，你知道吗，我第一次见到他，他就滔滔不绝，什么都聊，而我只能在一边安静地听他说话，时不时点头配合一下。晚上回去后，他跟我发信息说，我们聊得很开心。

就在那一刻，我忽然明白，倾听比表达更重要，倾听能提高别人的好感。

如果你实在不会表达，就做一个聪明的倾听者，也能拉近彼此的距离。

八、学会拒绝

聪明的社交高手,一定不是一味地答应别人,委屈自己,成为一个"老好人"。如果总是为别人考虑,到头来,别人并不会觉得你好,只会觉得你好欺负。

学会说"不",是人际关系中很重要的一环。

比如原来有一段时间,谁找我给他作序我都会答应,因为我觉得应该给新人一些机会。结果江湖就开始流传,李尚龙这人特别好说话。江湖很小,有一天,一个朋友给我打电话说,李尚龙,你知道他们都在说不管什么人你都给作序吗?

我才明白,人要学会拒绝,拒绝了几次后,事情变得有趣了,不仅没有把关系搞砸,我的序反而变得更有价值了。

因为有了拒绝,"同意"才有了意义。

后记

谢谢你读到了这里,我想,如果你读到了这里,就已经超过了百分之八十的人。

我经常说,缓解焦虑的方式不只是买书,而是要读书,如果,我们能够把自己买的书读完就已经很厉害了。但可惜,只有少数人能做到。

恭喜你,如果你一页页地读到了这里,那么,你也是那些少数人之一。

这些年,市场上出现了很多关于个人成长的课程,还有很多关于个人成长的书,可是我觉得有很多课程和书籍的内容太杂太乱。许多知识也没说到点子上，实操性很差，还有一些内容很不专业，生造一些词语，让人听不懂也看不太进去。每次听到这些课，看到这些书，我都在想，有没有一门课，一本书就能解决大家在青春里遇到的基本问题。

于是，有了现在这本书。关于这本书的线上课程，我已经跟很多学生分享了五次，它影响了超过百万的学生。他们把课程内容一传十，十传百地跟同学们分享，也不给我版权费（笑）。

后来，同事告诉我，这门课程在"考虫网"上，竟然成为了大学生最受欢迎的课程之一。

听到这个消息，我很开心，希望这本书也可以被更多的人读到。

上大学的时候，我特别喜欢去听讲座，讲座上听不懂的东西，我就会去看书里的内容，去图书馆查相关的资料。后来我发现，这些还是远远不能满足我，我的生活并没有得到太大的变化，因为这些知识我不知道如何用在生活里。

所以，读书不应该只是去读，还要学会总结、反思和使用，主动学习永远比被动学习有效。

再次感谢你选择了这本书，请一定不要停下前进的脚步，希望你能够把这些话和文字记在心里，成为自己生活的一部分，不管他人怎么看你，你一定要有自己的坚持。

这本书不会教你考试怎么成功，但会教你如何面对失败，如何釜底抽薪，如何绝地反击。

这些内容是大学四年老师不会讲到的，它会告诉你，当你迷茫、痛苦、难过时应该怎么做。

一定会有一天，你会突然发现，这本书中的某个知识点，能在你生活中某个时刻点亮你的路。

这也是我作为一个老师最愿意看到的事情。

再次谢谢你选择了这本书，祝你们每天进步，青春无悔。

2019 年 8 月 2 日星期五
于布鲁塞尔机场